数学にとって証明とはなにか

ピタゴラスの定理からイプシロン・デルタ論法まで

瀬山士郎　著

本書は2013年1月，小社より刊行した
『なっとくする数学の証明』を
新書化したものです。

装幀／芦澤泰偉・児崎雅淑
カバー写真／ゲッティイメージズ
本文デザイン／坂重輝（グランドグルーヴ）
本文イラスト／すみもとななみ
本文図版／タイプアンドたいぽ

はじめに

数学と聞いたとき、多くの人の頭に浮かぶのはどんなことでしょう。数学の透明な美しさが好きだった人も大勢いるし、証明が面白かったという人もいると思います。

反面、中学、高校を通して学んだ数学の中間テストや期末テストを思い浮かべ、あまりいい印象を持っていないという人はけっこう多いのかもしれません。あるいは、テスト終了時間をまえに、どうしても解けない問題を眺めながら世の無常を感じた（?）という経験もよくあるのではないでしょうか。

いわゆる「文系」の人のなかには、大学入学と同時に数学におさらばし、本当にせいせいしたという人もいるでしょう。もっとも、意に反して、喜び勇んで入学した大学で、基礎教養科目としての数学を学ばざるを得なかった文系の人もいて、なんて理不尽な、と思ったりします。

ただし、大学の自然科学系選択科目で数学が用意されている場合、数学を選択する人のほとんどは文系でも数学好きの人だと思います。私はミステリファンですが、数学好きならきっと、ミステリも好きになってくれるのではないか……というのが持論です。

じつは数学は、ある種のミステリに近い性格をもっています。数学者は時に、謎めいた事件の真相を、論理を駆使して明るみに出す名探偵のような役割を果たします。

「数学？　ただの計算でしょ」と言う人もいます。計算ができることが数学ができることだ、というのは多くの人に共通する大きな誤解です。計算が数学の大切な手段であることは間違いありませんが、それがすべてではありません。じつは計算も数学の証明の１つの変種なのですが、それは本書の中で説明したいと思います。

　また、解答時間内に出題された問題を解くことは、数学だけではなく、すべての科目の試験に共通の性格ですが、なぜか数学の試験だけが怨念の対象になることも多い。それは、数学の場合、とにかく何かを書いてみるということが難しいという性格を持っているせいでしょう。計算問題ならともかく、「何々を証明せよ」と言われると、どこからどう手を付けていいか分からないという人もいるようです。どうも、「証明せよ」という数学特有の出題形式が怨念の出所かもしれませんね。

　しかし、それだからこそ、証明っていったい何だろうという思いを持つ人も多いのでしょう。

「数学とおさらばできて、せいせいしているはずなのに、なぜか数学の証明が気になる」

「できることなら、もう一度、時間制限のある試験とは無関係に数学の証明に挑戦し、それを理解したい」

「もしかしたら証明を理解することで切り開くことができる新しい世界があるのではないだろうか」

　こんな思いを持つ人も大勢いると思います。

本書はこんな読者を想定して、改めて数学の証明とはなんなのか、またその技法にはどんなものがあるのか、などを、いくつかの典型的なそして美しい証明を鑑賞することで説明しようという試みです。

証明を鑑賞することは、美術や音楽を鑑賞するのに似ています。本物の証明に触れることが、証明とは何かを理解する手がかりになります。それは、たとえ自分では絵を描けなくても、名画を鑑賞することで、何が名画なのかを心の中に刻み込むことができる、作曲はできなくても、一流の音楽を鑑賞することで、音楽に対する感性が養われるのに似ています。

ところで、数学と証明は切っても切れない関係にあります。しかし、改めて証明とは何だろうと考えてみると、ただの説明とどこがどう違うの、と戸惑う人もいるのかもしれません。昔、小学生だった子どもの頃、口論相手に「そんなに言うのなら証明してみろ！」と言われ、思わず口をつぐんでしまった経験がある人もいるでしょう。

もちろん証明は数学の専売特許ではありませんが、それでも証明と言われると、なにか、とても厳密な——あるいは数学的なと言ってもいいのですが——、論理的な、反論の余地のない説明が要求されているような気がするものです。その意味では、証明は確かに数学に特有の技術と言えます。

数学の関係者の間ではよく知られている言葉を、少し長いのですが、紹介しましょう。

「ギリシャ人以来、数学とはすなわち証明である；或る人々によれば、証明というものは、この言葉がギリシャ人から付与されたところの、そしてまたわれわれがここでそれに与えようとしている正確にしてかつ厳密なる意味においては、数学以外には見いだし得ないものなのではあるまいかとさえ考えられている。証明の意味は昔からけっして変わってはいない、ユークリッドにとっての証明は依然としてわれわれの眼にも証明である」

（ブルバキ『数学原論　集合論』前原昭二ほか訳、東京図書、第1巻序文）

ブルバキは20世紀を代表する数学者の集団ペンネームで、1930年代のフランスで、当時第一線で活動する若手だった数学者たちが集まってこう名乗ったのです。ブルバキの『数学原論』は、その時点までに到達した数学の基礎を現代数学の視点から体系的にまとめようとした、壮大な試みです。

では、ブルバキの言う「証明の意味」とは何でしょうか。言い換えれば、数学では証明をどのようにとらえているのでしょうか。本書を通して、

- 数学における証明とは何か
- それが普通使われている「証明」という言葉とどうつながるのか
- 普通に使われている言葉と少し違っているとすれば、どこがどう違うのか

などを、いろいろな数学分野の具体的な証明を通して考え

てみよう、これが本書の内容です。

とは言え、本書で説明する相手は数学の証明なので、具体的と言っても内容がある程度抽象化され、記号化されているのはご寛恕ください。ただ、少しだけ弁明をしておくと、数学記号は考えている事柄を明確に曖昧さなしに表現するために、数学者たちが長い歴史のなかで考え出した世界共通言語です。概念を記号で表すことで、内容が明確に分かりやすくなります。たとえば、2次方程式の解の公式を日本語で表現してみれば、数学記号がいかに分かりやすいかが実感できると思います。

また、すでに証明という言葉やその技法にある程度親しんでいる方には、それらの意味付けや証明の再確認をしてもらい、さらに高度な数学の証明へと続く道標となることも期待しています。

本書は講談社サイエンティフィクから2013年に発売された『なっとくする数学の証明』を新書化したものです。再刊に当たって、「はじめに」や導入部分に少し手を加えましたが、全体の流れは旧版に沿っています。旧版を発掘し、新書化をしてくださった、ブルーバックスの編集長篠木和久氏と編集を担当してくださった渡邉拓氏に心からのお礼を申し上げます。また、旧版の編集を担当して下さった講談社サイエンティフィクの慶山篤氏にも再度お礼申し上げます。慶山さんとの共同作業を楽しく思い出します。ありがとうございました。

『数学にとって証明とはなにか』

目次

第1章

証明とはなんだろうか

「空飛ぶ円盤なんてあるとは思いませんな」と私は言いました。おやじさんはこれに反抗して、「空飛ぶ円盤はありえないって？　あんた、その証明ができるのかね？」「いや、証明はできません。」私は答えました。「きわめてありそうもないことだと思うだけです。」これを聞くとおやじ、「あんた非科学的だな。証明ができないのに、ありそうもないなんて、どうして言える？」

（R.P. ファインマン『物理法則はいかにして発見されたか』江沢洋訳、岩波現代文庫）

1.1 証明はお好き？

私はいまは定年退職し、数学愛好家として活動していますが、現役の教員だった頃に、いろいろな方に「数学や数学の証明はお好きですか？」と聞く機会が何度かありました。

「ええ、とても好きです、証明という言葉にも惹かれます。論理的に説明でき、しかも自分でも理由を納得することができる証明という手段は、人間が考え出したとても説得力のある方法だと思います」
という嬉しい返事が返ってくることも何度かありました。現在リアルタイムで数学を学んでいる人なら特に共感できるかもしれません。

もちろん、「数学は好きではないです」あるいは、もっと直截に、「嫌いです」という答えを聞くこともたびたびありました。

あるいは、数学はあまり好きではないが関心はあり、証明とはなにかをもう少し知りたいと思った――それで、『数学にとって証明とはなにか』というタイトルを見て本書を手にしたという人もいるでしょうか。

中学生、高校生ならもう少し切実に、試験問題でやらされる証明ってなんだろうと思っているかもしれないし、いま現在中学校や高等学校で数学を教えている人なら、証明という概念をどのように生徒に伝えていけばいいかについてのヒントを探しているのかもしれません。

数学を使う立場にある人なら、まとめられた結論だけでなく、証明という数学特有の手段について、技術的なことも含めて知りたいということもありそうです。

これからしばらく、数学とはどんな学問なのか、数学を面白いと思う人はなにを面白いと思っているのかなどを、証明という数学独特の思考方法を解説することを通して考えていきたいと思います。

数学はお好き？

世の中に、数学は嫌いだ、と言う人は多いのかもしれません。以前、高名な詩人と話をしたとき、その詩人が「数学は嫌いです」と断言したこともありました。私は、数学とは想像力の科学だと考えているのです。ですから、詩も同じ想像力の世界だと思っている私は、その答えを聞いて少しだけ残念な気がしたことを思い出します。

もちろん、数学の想像力と詩の想像力とではその性格が違っているでしょうが、想像力という点では同じだと思います。ただ、想像力のあり方、あるいは想像力の使い方が数学と詩では違っているのです。数学の想像力は記号を使って展開される。これが、大きな特徴です。

また、学校で学ぶ数学が、試験の得点をあたかも客観的な序列の唯一の指標であるかのように扱い、多くの子どもたちを序列化してしまうことへの嫌悪感もあるのかもしれません。

しかし、それは数学そのものの罪ではありません。学校で学ぶ数学だって、本来は人間の想像力を解放してくれる面白い学問なのです。読者の中には、数学を学ぶことで考えることの大切さや、最初は分からなかった問題点に気がつき、それを理解した時の解放感、つまり「なるほど、そういうことか」という感覚を楽しんだ方もいるでしょう。人を点数化し序列化してしまう特殊な数学を見て、数学って嫌いだとか、数学っていやな学問だと思い込むのは少し早計だと思います。

数学が嫌いだと言う人に「数学のなにがいやだったのですか」と尋ねると、たとえば

「分数のわり算で、分母と分子をひっくり返してかけるのはなぜなのか分からなかった」

「関数って数なのか数でないのかよく分からない」

「マイナス×マイナスがプラスになるのが気持ち悪い」
「2次方程式なんて普通の生活では絶対使わないよ」
「図形の証明問題が苦手だった」
などという答えが返ってきたりします。覚えておきなさいと言われ、意味も分からず暗記したが、試験が終わり使わなくなったとたんに忘れてしまった公式もありそうです。

数学が嫌いだと言う人に、さらに踏み込んで嫌いな点を詳しく尋ねると、中には、
「証明しなさいという問題で、そんなこと図を見れば当たり前なのに、解答として何をどう書けばいいのかがよく分からず、いやになった」とか、
「数学的帰納法の証明で、証明すべき定理が n まで正しいと仮定するというけれど、n って勝手な数なのだから、n まで正しいと仮定するなら証明なんかしなくってもいいんじゃないかと思った」
「証明という言葉を聞いただけで、頭のてっぺんがむずむずしてくる」
などという答えが返ってきたりします。どうやら数学が嫌いになった原因の1つに、数学が証明を要求するということがあるようです。
「はじめに」で紹介したブルバキの『数学原論』の言葉に、「数学とはすなわち証明である」とあったのを思い出してください。
「だいたい、証明、証明ってうるさく言う奴にろくな奴はいなかったなあ」
と、ここまでくると、坊主憎けりゃ袈裟(けさ)まで……のたぐいでしょうか。

証明は知の原動力

でも、証明とは本当にそんなに分かりにくく難しく嫌な奴なのでしょうか。

そんなことはありません。数学の面白さ、大切さの大きな要因の１つは証明の面白さ、大切さだと私は思います。それは、証明が次のような大切な役割を担っているからです。

人は大人でも子どもでも誰でも、何かが分かったとか、納得できたというときは嬉しいものです。いままで、なんだかよく分からずにもやもやしていた霧が晴れ、「なんだ、そういうことだったのか、分かった、分かった」というときの心理は一種の解放感でしょう。

どうしてなのか、その理由を知りたい。これが人間がたくさんの科学を推し進めてきた原動力の１つです。

数学の証明とは少し違いますが、古代ギリシアの数学者・物理学者で偉大な技術者でもあったアルキメデスが、王様から与えられた有名な難問があります。「職人に造らせた王冠が本当に金だけでできているのか、インチキをして混ぜものを入れていないかどうかを、王冠を壊さずに調べよ」と言われ、その方法を考えて考えて考え抜いた。そしてとうとう、お風呂に入っているときにその解決法がひらめき、

「ユーレカ、ユーレカ、分かったぞ」

と叫んで裸でお風呂から飛び出した、という有名な故事も思い出されます。分からなかったことが分かるという経験は、どんな人にとっても、まだ、どんな些細(ささい)なことでも嬉しいものです。

数学の証明はこの「分からなかったことが分かる」ことの嬉しさ、楽しさを純粋に取り出しています。数学の好きな人はほとんどが証明することを楽しんでいますし、初等幾何学の証明問題には、いまでも大勢のファンがいます。証明するという行為は、数学の楽しさの1つでもあるのです。

解けなかった問題が解ける楽しさ

制限時間内に問題を解き証明を考える、解けないとバツになる、というのが数学嫌いをつくる要因の1つのようですが、考える時間を制限するのは証明の本質とは無関係なことです。試験問題でもない限り、問題を解決するためにいくら時間をかけてもいいのです。

数学の問題の中には何百年も解けず、350年以上もかかって解決したフェルマーの最終定理のような大難問もいくつもありましたし、「双子素数の問題」(3と5、11と13のように、差が2になる素数のペアは無限にあるだろうか)や、「ゴールドバッハの問題」(4＝2＋2, 6＝3＋3, 8＝3＋5のように、4以上の偶数は2つの素数の和になるだろうか)のように、簡単そうに見えて未だに解けていない問題もたくさんあります。

実際、そのような数学上の難問でなくても、初等幾何学の証明問題は一種の知的な娯楽、パズルだと考える人も大勢いて、そういう数学ファンは解けないことまでも面白さの1つに変えて、考える時間を楽しんでしまうようです。つまり、解けずに「悩み苦しんで」いる時間も楽しみの時間なのです。

私は定年退職後、放送大学の数学同好会に参加し、大勢の数学好きな方々と数学を学び、問題を解いてきました。そこには、本当に楽しんで証明を考えている方が大勢います。

私自身も高校時代に、ある幾何学の作図問題が解けなくて、何週間も考えた経験があります。分かったときの嬉しさは格別でした。その一方で、問題が解けたとき、「どうしてこんな簡単なことに気がつかなかったのか！」とも思ったことを思い出します。このように、数学の証明は扱い方ひとつで数学嫌いをつくりだす原因となるかもしれませんが、一方で、分かった！　という解放感を生み出し、多くの数学ファンを生み出す源にもなっているのです。

この本では、「数学の証明とはなにか」ということを考えながら、証明の面白さ、不思議さなどを小学校の算数から始めて、いろいろな角度から眺め鑑賞して、証明を通して数学の魅力を紹介していきたいと思います。

> 「馬鹿な——馬鹿げたことは言わないで。なんの証明もできないくせに」そこで、彼女は大佐にあることばをひとこと投げつけたものの、そのあとはすぐにまた落ち着きを取り戻した。
> 「証明ならできます。お嬢さん」とマーキス大佐は言った。
>
> （カーター・ディクスン『第三の銃弾』田口俊樹訳、ハヤカワ・ミステリ文庫）

1.2 証明ってなんだろう

そもそも、証明とはなんなのでしょうか。

最初に、証明とはなにかをもう一度考えてみましょう。

証明という言葉は、数学用語としては、中学校で初めて出てきます。たとえば中学校の教科書には、

> 「これまで説明したように、すでに正しいと認められたことがらをよりどころとして、あることがらが成り立つことをすじ道を立てて述べることを証明という」
>
> (『新版中学校数学 2』大日本図書)

という証明の説明があります。ここで、「すでに正しいと認められたことがらをよりどころとして」、あることがらが成り立つことを「すじ道を立てて述べる」という証明の一番大切な2つのポイントが述べられています。

もっとも、証明という言葉は数学用語以前にも私たちの日常生活のなかで、「ホント？　証明してみて」とか、「そんなこと証明できるの」などと使われることがあります。普通の人は、証明という言葉が説得力のある説明の方法だということを、数学的な定義が与えられるまでもなく理解しているようです。また、「科学でも証明できていない」とか「医学でもまだ証明できていない」などというように、証明が人の情緒的な部分ではなく、理性的な部分に関係しているということも、多くの人が共通に理解している事柄です。

ためしに国語辞典（『岩波国語辞典　第４版』）を調べて

みると、

> しょうめい【証明】ある事柄・命題が真である（事実と違わない）ことを明らかにすること。また、その手続き。「―書」

とあります。「ホント？　証明してみて」という子どもたちは「事実と違わない」ということをウソ・ホントという言葉で判断しているのでしょう。

専門の数学辞書（『岩波数学入門辞典』）では

> 証明 proof　いくつかの事実を前提にして、論理的に結論を導くこと。見出されたあるいは予想された数学的事実を、間違いなく確立するための手続きであると同時に、数学的事実の意味、内容、意義、ほかの事実との関係などを明らかにする手段でもある。

となっています。後半部で「意味、内容、意義」などに触れていることに注目してください。とくに「数学的事実の意味を明らかにする手段」として証明を説明していることは大切です。これはつまり、証明することで、たんにその事実が正しいということを確立するだけではなく、同時にその事実がもつ数学的な内容が明確に分かることがあることを表しています。

ここではとりあえず、証明とは人の感情に訴えることなく、事柄の正しさを理屈できちんと説明することだ、としておきましょう。理屈できちんと説明すること、という理解は「理屈」とか「きちんと」という言葉の意味をそれこそきちんと決めておかないと、少しだけ感覚的な言葉の羅列になってしまいますが、しばらくはこれで十分です。

正しいことが理屈できちんと説明できた事柄は、すべての人の共通の認識となり、共有の真理となる。証明できた事実、あるいは、証明という方法そのものが人の理性的な共通感覚の基盤を作っている。これも証明の重要な一側面です。もう一度、「感覚的に」ではなく「理屈で」理解するということを確認しておきましょう。

品質保証書としての証明

ところで、専門用語の問題としては、数学（算数）は証明とは切り離せないという性格をもっています。

先ほどの国語辞典で「命題」という言葉が使われていることに注意しましょう。命題とは数学用語で、内容が正しいかどうかを判断できる文章や陳述のことをいいます。ですから、命題の中には正しい命題もあるし、間違っている命題もあります。ある命題が正しいことを保証するために数学が発行する品質保証書、それが数学における証明にほかなりません。しかも、この保証書には保証期限がない！というのがすごいところです。並の保証書だと保証期限があり、期限が切れると保証を受けられなくなってしまうのですが、数学の保証書は無期限なのです。

ちなみに、ある命題が間違っていることを示す事実を「反例」といいます。命題が間違いであることを説明するには、たった１つの反例を提示すればよい、これも証明の１つの変形といえる大切な事実です。ここには数学のある意味での厳しさが現れています。俗に蟻(あり)の一穴といいますが、数学もたった1つの穴でも許されないのです。

自然科学の特徴――数学とのちがい

数学以外の自然科学でも、ある事柄が正しいことを証明するのはとても大切です。しかし、そこでの証明は数学の証明とは微妙に性格を異にしています。具体例を示しましょう。

私たちは21世紀のいま、すべての物質が素粒子でできていることを知っています。それはさまざまな実験で検証された事実です。しかし、ずっと以前、人は物質が素粒子でできているとは考えていませんでした。古代ギリシアの数学者・哲学者タレスによれば「万物は水からできている」のでした。タレスは「直径は円を2等分する」や「直径上の円周角は直角である」などの定理を発見したともいわれている大数学者です。タレスが発見した数学的な事実（定理）は21世紀になっても正しい。そのタレスでさえ、物質が素粒子でできているということは知りませんでした。残念ながら「万物は水でできている」という保証書の期限は切れてしまいました。

しかし、現在でも、物質が原子からできていることは知っていても、実際に原子を見た人はそう多くはないでしょう。

あるいは、地球が太陽のまわりをまわっているという地動説も正しい事実で、多くの実験、観測から証明されています。しかし、16世紀のコペルニクス以前、人は天動説が正しいと信じて、太陽が地球の周りをまわっていると考えていました。確かに、私たちが空を見上げている限り、太陽の方が地球をまわっていると考えるのはごく自然なことに見えます。もしかすると、多くの人は「地動説が正しいことの科学的理由」を21世紀のいまも知らないのかもしれません（直接的な証拠には恒星の年周視差があります）。

あるいはもっと単純に、地球は丸いという事実でさえ、いまでこそ地球を外側から見ることができるようになり、丸いということを実際に目で見て確かめられますが、以前はそうは考えられていませんでした。この世界が平たい大地であるという考えは、身の回りを見ている限りではまったく正しいように見えます。

このように、自然科学的な真理は時代とともに進化し深化していきます。ある時代に真理と考えられていた事柄がさまざまな検証を経て間違いであると分かり、書きかえられて新しい真理と交代する。これは、自然科学の歴史の中ではごく普通に起こりますし、むしろそれこそが自然科学が科学である理由の１つでもあります。

すなわち、新しい観測事実によって、いままでの理論が間違っていると指摘できること、これが自然科学の大きな特徴です。つまり、信じる、信じないという感覚的な理解ではなく、観測された事実、発見された事柄が理論の正しさを相対的に保証し、その理論にもとづいて私たちはこの世界を理解しているのです。ただし、この保証書は必ずしも無期限とはいえない、これが自然科学の大きな特徴の１つです。

数学の定理――科学の真理とのちがい

ところで、古今東西を通じてもっとも有名な科学書・数学書に、ユークリッド（エウクレイデス）の『原論』があります。この本はいまから2000年以上も前に、ユークリッドという古代ギリシアの数学者によって書かれたとされています。その中で証明されているたくさんの定理、たとえば「2等辺三角形の2つの底角は等しい」（底角定理）とか、「直角三角形の斜辺を1辺とする正方形の面積は、他の2辺を1辺とする2つの正方形の面積の和に等しい」（ピタゴラスの定理）、「正多面体は5種類しかない」（正多面体定理）などは2000年以上たったいまでも、絶対の真理として

(a) 底角定理

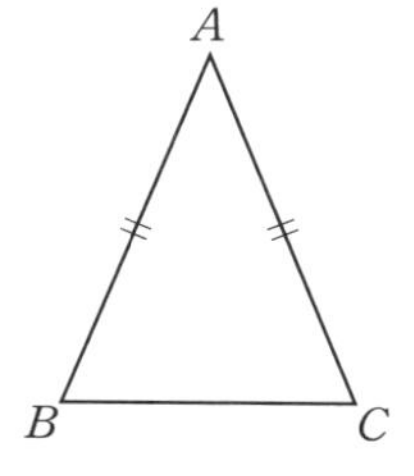

AB=AC なら ∠B=∠C

(b) ピタゴラスの定理

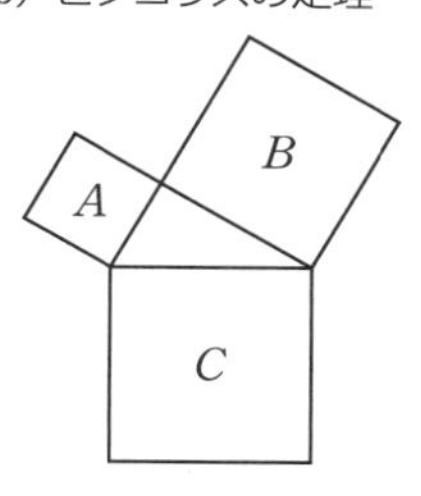

A+B=C

(c) 正多面体定理

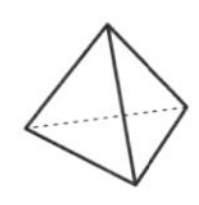

正4面体

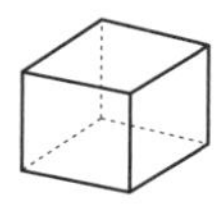

正6面体

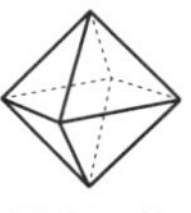

正8面体

正12面体

正20面体

〈図1.1〉底角定理、ピタゴラスの定理、正多面体定理

中学生、高校生に教えられています（図 1.1）。

これが数学の定理と科学の真理の大きな違いの１つです。科学の真理は新しい発見や考え方、新しい実験方法などが発達するにつれて何度も揺さぶられ、いままでの真理とは 180 度違った考えが新しい真理となることもあります。科学史上でもっとも有名な例は、コペルニクスによって天動説が地動説に代わったことでしょう。実際、このような「コペルニクス的転回」は科学の歴史の中で何度か繰り返されました。ニュートン力学が相対論的力学に代わったこともその１つです。

前に述べたように、科学の真理が更新されてきたことは、科学があやふやだということを意味するわけではありません。逆に、事実で検証できることをきちんと検証してきたこと、事実に合わないことを反証をあげて検証してきたことこそが、科学の確かさを保証しているのです。

しかし、数学の定理はそうではありません。定理として証明された事柄は、2000 年以上たってもその真理としての性格が揺らぐことはないのです。

証明はこのような「数学の真理の絶対性」を保証する手段と考えられてきました。

定理と三段論法

ほかの自然科学と違って、数学の定理がその絶対性を主張できるのはなぜでしょうか。

数学の絶対性はごく大まかにいえば、「A である。ところが A ならば必ず B である。したがって B である」という三段論法に支えられています。A であるということが疑う余地のない事実であり、A ならば必ず B となるのなら、必然的に B も事実であるほかはない。この三段論法の積み重ねが数学の証明を支えています。

私たちがある事実 C の正しいことを納得したいとき、

「どうして C なの？」

「だって、当たり前でしょ」

残念ながらこれでは多くの人は納得しません。「だって、当たり前でしょ」と言った人にとっては C が当たり前（に思えること）であっても、説明を求めた人にとっては当たり前でないからこそ、C であることの説明を求めているのです。

「どうして C なの？」

「それは B だからだよ」

「じゃ、どうして B なの？」

「それは A だからだよ」

「ああそうか、A は確かに正しいね。分かった！」

これが数学の証明の基本構造です。この場合、A が正しいことが2人の間で共通に理解されていることが大切です。

でも、少し注意深い人は

「どうして A なの？」

と訊(たず)ねなくていいのかな、と思うかもしれません。もちろん、A の正しさが2人の共通理解でなければ、この質問はさらに遡って続くことになるでしょう。

実際、この論理の鎖をどこまでもどこまでも遡ってたどっていくことはできません。よく、小さな子どもが「なぜ？」を頻発して親を困らせることがありますが、最後には「しつこいなあ、お前は」となってしまうかもしれません。大人ならケンカ別れです。ですから、どこかで、A が正しいことは誰でもが認めている真実だ、ということを承認する必要に迫られます。つまり、もっとも根元的な事実（と考えられるもの）は、それ自身のほかによりどころはなく、それが真実であることを納得して認めてしまうほかありません。本節の冒頭で紹介した中学校教科書でも、「すでに正しいと認められたことがらをよりどころとして」とありました。正しいと認められた事柄をよりどころとするのは、証明の仕組みの大きな特徴です。

この「誰でもが正しいと認めている真実」をユークリッドは公理と呼びました。誰でもが真実と認める公理から出発し、論理の積み重ねによって別の事実が正しいことを理屈で説明する。この「証明」という『原論』のスタイルは、その後の学問のあり方に大きな影響を与えました。それは理想的な真理探究の方法として、学問の規範となったのです。

注）　ユークリッドの『原論』では、実は公理という言葉は使われていません。ユークリッドは、「どの直角も等しい」などのような、根元的な事実のうち幾何学に特有のものを「公準」（英語では postulate、ギリシア語では「アイテーマタ」。要請された事柄という意味です）と呼び、「全体は部分よりも大きい」などのような、幾何学に特有ではない事実を「共通概念」と呼び分けていました。現在では、これらはすべて「公理」と総称されます。

ところが、公理の「真実性」は19世紀になり非ユークリッド幾何学の発見によって大きく揺らぐことになります。

1.3 公理とは

平行線公理は公理か

ボヤイとロバチェフスキーによる非ユークリッド幾何学の発見は、19 世紀における数学の最大の出来事の１つです。

ユークリッドの『原論』は第５番目の公理として、ある直線に対し、その直線の上にない点を通る平行線がただ１本しか存在しないことを採用しました（『原論』での記述の仕方はもう少し複雑ですが、内容は同じことです）。たしかに、ある直線の上にない点を通って、その直線に平行な直線はちょうど１本しかないように見えます。

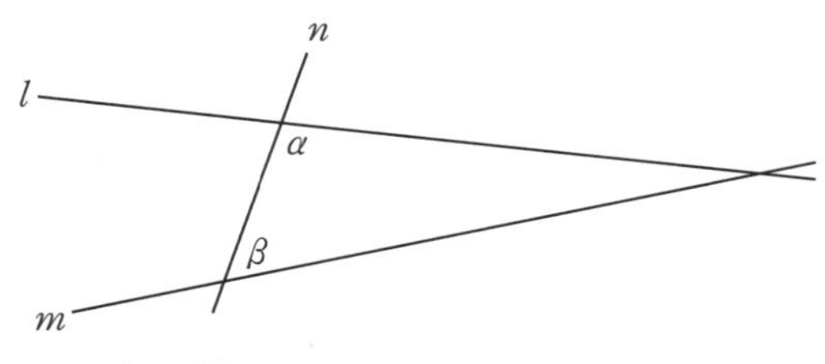

$\angle\alpha+\angle\beta<180^\circ$ なら、l と m は交わる

〈図 1.2〉平行線公理

ユークリッドはこれを公理として採用し、証明なしで『原論』の冒頭に掲げました。しかし、『原論』に掲げられていた平行線公理は、他の公理に比べるとたいへんに複雑な言い回しになっていました。そのため、後の世の多くの数学者たちが、この公理は公理ではないのではないか、他の公理から証明できる定理なのではなかろうか、と考えた

のです。

ところが、ユークリッド以来何人もの数学者がこの「事実」を証明しようと懸命の努力をしたのですが、どうしても、平行線が1本しかないことをほかの公理から証明することができませんでした。ユークリッドの『原論』が、この事実を公理として採用していたことをもう一度考えてみるとき、ユークリッドの洞察の深さに驚くほかありません。多くの数学者の平行線の公理を証明しようとする努力、研究の中から、19世紀になり、ボヤイとロバチェフスキーという2人の若き数学者が、平行線が2本以上あるという奇妙な仮定をしても、矛盾のない幾何学（非ユークリッド幾何学）が構成できるということを発見したのです。

公理 ある直線に対し、その直線の上にない点を通る平行線は2本以上ある。

この非ユークリッド幾何学の発見は、数学における公理という言葉の意味を根本から変えてしまいました。公理はすべての人が共通に納得する「事実」ではなくなってしまったのです。

公理と証明の変化

この結果、現代数学では公理は「絶対的な真理」という立場を失い、「理論の出発点となる仮定」という意味になりました。したがって、現代数学的な視点でみれば、数学の定理とは仮定された約束（公理）から導かれる相対的な真実ということになります。つまり、数学における証明とは、「こういうことを仮定すれば、理論的にこういうことを導くことができる」という手続きを指すようになったのでした。

こうして、現代数学的な立場では、証明とは、仮定された命題（数学的に内容がはっきりしている事柄）から出発して、論理的な約束にしたがって命題をいろいろな形に変形して、定理と呼ばれる新しい命題を手に入れていく手続きという意味に変わったのです。定理を導くための論理的な約束として何が許され、何が許されないのかははっきりと決まっています。

ただ、現代数学的な立場はいま述べたとおりなのですが、多くの人にとって、公理とは「万人が正しいと考える真実である」という枠組みは変わっていないのでしょう。数学的な非ユークリッド幾何学の成立はさておいて、私たちの経験の範囲では、ある点を通る平行線は1本しかないことは事実のように見えます。子どもたちはノートの上に、定規を使って1本の平行線を引きます。確かに、私たちの経験の範囲では、同じ点を通る平行線を2本以上引くことは不可能で、平行線は1本しかありません。この経験的立場からは、証明とは正しい事実から出発し、新しい事実を論理的に手に入れていく手続きであるという見方は変わっていないと思います。

ここに、ものごとの考え方を教えてくれるという数学のもっとも大切な有用性の1つが現れています。数学的な知識を身につけること、それはそれでとても大切なことに間違いはありません。たとえば指数関数を学び、ものが倍、倍と増えていくことの威力を知れば、ねずみ講のようなおかしな儲け話に引っかかることはなくなるでしょう。1人から出発しても、倍、倍を27回も繰り返せば、たちまち日本の人口を超えてしまいます。このように、数学的な知識の大切さは言うまでもありません。しかし、それと並んで、むしろそれ以上に大切なことは、数学がものごとを合理的に判断する方法を与えてくれることだと思います。

1.4 算数にも証明はあるのか

1.2節の冒頭で述べたとおり、証明という数学用語は中学校に入って初めて出てきます。多くの教科書は、中学校2年生の図形の論証の章で、証明という言葉を説明しています。「ある事柄が正しいことを筋道を立てて説明することを証明という」というのは、多くの数学教科書に共通している説明です。

しかし、証明とは、ある事柄が数学として正しいことを筋道を立てて説明することだと考えると、小学校の算数でも説明は出てきます。証明という言葉が出てくるかどうかにかかわらず、筋道を立てて説明することは算数でも重要なのです。算数は数学の幼名です。ですから、理由をつけて説明するということは、算数でも同じことなのです。

ためしに、標準的な文章題に挑戦

例としてこんな問題を考えてみましょう。

例 長さ1350mのトンネルを50mの長さの電車が通り抜けていきます。電車の速さが時速84kmなら、

電車がトンネルを抜けるのに何分かかるでしょう。

高学年の算数の標準的な問題で、子どもたちにとってはそれなりに考える要素がたくさんある課題です。

まず、「何分かかる」かを答えるには、時速84 kmが分速ではどうなるのかを考える必要があります。1時間は60分ですから、時速84 kmは分速では

$$84 \div 60 = 1.4$$

で分速1.4 km、つまり分速1400 mにあたります。

余談ですが、単位の換算は日常生活にも直結する大切な知識です。単位の表示や目盛りの取り方ひとつで、ある事柄を大きくも小さくも見せることができます。一体どんな単位で何を話しているのかをきちんと見分けられるようになることも、数学（算数）を学ぶことの効果の1つではないでしょうか。

閑話休題。さて、先頭車両がトンネルにさしかかってから、最後部の車両がトンネルを抜けきるまでに、電車はトンネルの長さと電車の長さの合計だけ走ります。したがって、その距離は

$$1350 + 50 = 1400$$

で1400 mです。ですから、電車はトンネルにさしかかり、トンネルを抜けるまでに

$$1400 \div 1400 = 1$$

で、ちょうど1分かかります。

答

$84 \div 60 = 1.4$

$1.4 \times 1000 = 1400$

$1350 + 50 = 1400$

$1400 \div 1400 = 1$

1分

算数の問題の答えとしては、これが標準でしょうか。

計算は証明の変種

計算をしただけで証明はしていない？　確かに見た目にはいわゆる証明はしていません。

しかし、計算した式の１つ１つには単なる数の計算ではない特有の意味があり、式の意味を考えることが解答の内容ともいえます。もう一度、『岩波数学入門辞典』では、証明という言葉が「数学的事実の意味を明らかにする手段」と説明されていたことを思いだしてください。つまりここでの計算は、問題の答えが正しいことを理由をつけて説明する役割を果たしているのです。これは証明の性格そのものです。

もし、この問題が次の形で与えられたらどうなるでしょうか。

> **例**　長さ1350 mのトンネルを50 mの長さの電車が通り抜けていきます。電車の速さが時速84 kmなら、電車がトンネルを抜けるのにちょうど1分かかることを説明しなさい。

小学校では証明という言葉を使わないということなので、最後を「説明しなさい」としましたが、もちろんこれは「ちょうど1分かかることを証明しなさい」という問いと同じです。この場合の解答はどうなるでしょうか。

結局、前の解答と同じように計算をして、問題にある1分という答えが正しいことを確認することになるでしょう。ここでは、単位換算と同時に、電車の走る距離がトンネルの長さ＋電車の長さになるという考察が大切です。実際に同じ状況で電車を走らせて実測しているわけではありません。論理的に考えることによって、1分という答えが正しいことを説明しているのです。これはまさしく「ある事柄が正しいことを筋道を立てて説明することを証明という」という証明の定義にあてはまっています。

つまり、算数の文章問題での計算も、形を変えたある種の証明なのです。理詰めで理由が分かることは理詰めで説明しなければいけない、あるいは証明できることは証明なしで信用してはいけないというのは、数学がよって立つ基盤の1つです。私たちは、計算といえば、数字に加減乗除の四則を当てはめて答えを出すことだと考えがちです。しかし、計算という手段を経て、式の意味を考えることで、問題の意味が分かることもたくさんあります。そのことを考えれば「証明しなさい」という言葉が出てくるかどうかにかかわらず、計算も証明の手段のひとつだということが分かります。ここでは計算の意味を考えることが大切なのです。計算も証明の変種だということは、あとでもう少し詳しく考えてみます。

わけを考えてみましょう

もう1つ算数での証明を紹介しましょう。今度は「わけを考えてみましょう」という問題です。わけを考えることはそのまま証明といっていいでしょう。

例 いまから4000年ほどまえのエジプトでは、1/2, 1/3, 1/4, 1/5, … といった単位分数（分子が1の分数）がおもに使われていました。たとえば2/5はちがった単位分数の和として下のように表されていました。

$$\frac{2}{5}=\frac{1}{3}+\frac{1}{15}$$

それでは、2/5が1/3+1/15と表せるわけを考えてみましょう。

（『新版　たのしい算数6年上』大日本図書）

任意の分数を異なる単位分数の和として表す問題は、一般にエジプト分数の問題と呼ばれ、それ自身とても興味深い問題です。この場合は、1/3+1/15を通分して計算すれば、

$$\begin{aligned}\frac{1}{3}+\frac{1}{15}&=\frac{5}{15}+\frac{1}{15}\\&=\frac{5+1}{15}\\&=\frac{6}{15}\\&=\frac{2}{5}\end{aligned}$$

となり、この分解が正しいことが分かります。これも計算

による証明の一種でしょう。「表せるわけを考えてみましょう」という設問を

$$\frac{2}{5}=\frac{1}{3}+\frac{1}{15}$$

となることを説明せよという意味に解釈すれば、通分して計算し確かめる、というのは立派な証明です。

ただ、求められている説明は、どうやってこの分解を見つけたのか、を説明することだと考えることもできます。こう考えると、小学生がこの説明をするのはそうとう難しいと思われます。ちょっと説明を考えてみましょう。

2/5を単位分数の和に分けるのですから、最初に2/5を超えない最大の単位分数を探します。1/2は2/5を超えてしまいますから、いちばん大きな単位分数は1/3です。2/5から1/3を引くと残りは

$$\frac{2}{5}-\frac{1}{3}=\frac{6}{15}-\frac{5}{15}=\frac{1}{15}$$

となるので、いまの場合はこのままで求める分解が求まります。問題の分数を超えない最大の単位分数を引いていくという考え方は、よく考えると小学生でも見つけられるかもしれません。この方法は、その数を超えない最大の単位分数を引いていくので、強欲算法と言うことがあります。

ここにも証明という言葉は直接は出てきません。しかし、和に分けるのだから、いちばん大きな単位分数を引いてみようという考え方は、2/5の単位分数の和への分解の証明のアイデアそのものと言っていいと思います。

もう一度、1.2節の最初に紹介した『岩波数学入門辞典』による証明の説明の後半部に、「数学的事実の意味、内容を

明らかにする」と書いてあったことを思いだしてください。最大の単位分数を引いてみるという考え方が、問題の内容を説明していると言えるでしょう。

このように算数の中にも少し姿を変えて、証明という考え方が出てくるのです。

1.5 証明の2つの側面

世の中には、「事実はこうだ」あるいは「測ってみたらこうなった」という確かめ方ではなく、理屈で考えれば理解できることがあるのだ、ということを子どもたちに分かってもらう。とくに中学校で証明という数学用語が出てきたあとは、事実を提示する方法（実証）とは違って、論理によってある事柄が正しいことを確認する方法（論証）があることを理解し身につけてもらう。これは数学だけではなく、人が物事を考え理解するとはどういうことかという大問題に通じる、とても大切な教育の目標の１つです。

そのとき大きな課題になるのは、「証明はできたけど、どうしてそうなるの？」の問題だと考えています。証明とはそもそも、どうしてその事実が正しいのかを論理的に説明することです。ですから、本来、証明ができればどうしてその事実が成り立つのかは理解できるはずなのです。ところが、一定数の子どもたちやあるいは大人たちが、「証明は分かったけど、どうして？」という不思議な心理状態に陥ることがあります。つまり、証明は理解できる、だけどなんとなく気分が落ち着かないということです。

ここには２つの問題が混在しています。

(1) 数学記号と証明

1つは、数学的な証明のメカニズムである記号の扱いの問題です。それは、数の計算が正確にできるかどうか、あるいは文字式を自由に操ることができるかどうか、そして、演繹論理の連鎖が1つ1つ理解できるかどうか、という数学固有の形式操作の問題です。そして多くの場合、証明はそのような数学記号を操って行われます。1つ1つの記号の変形は、数学という言語の文法に従って実行しなければなりません。

数学という言語は、人が長い時間をかけて作り上げてきた、その意味ではたいへんに人工的な世界共通の言語です。むしろ、もっとも成功した世界共通の言語であると言えるかもしれません。実際、数学の論文はその国の言語が分からなくても、数学記号を見ればだいたい内容が分かる、というある種の冗句もあるくらいです。ですから、逆にいえば曖昧さがありません。数学記号の変形規則、つまり数学言語の文法は曖昧さを持たないのです。

これは、変形規則に習熟すれば、意味の理解がたとえ不十分でも、その記号を操ることができるということでもあります。おそらく「証明は理解できる。だけどどうして？」という事柄の中身は、式の変形は分かった。計算の結果そうなることも分かる。だけど式の意味することが分からないということなのです。

普通の言葉では、単語の意味が分からないのに文章が理解できるということはありません。ほんとうは数学でも同じことで、記号や変形の意味が分からなければ文章を理解することはできないはずです。それなのに、数学記号が意味するものは、普通の単語の意味ほどには重要に思われていないふしがあります。その理由の一端はここにあります。つまり、やっていることの意味が分からないのに計算はできてしまう。

俗に「機械的な計算」と言いますが、確かに計算は機械的にできる。ここに1つの落とし穴がありました。計算（証明）はできた、だけど、その計算をする理由が分からないということは、数学を学ぶ過程では起こりうることなのです。それは、記号の運用（俗に言う計算）ができれば数学ができるという、変形手続きだけを重視し記号の意味を軽視、あるいは無視してしまった結果だと思います。

もちろん、形式的な記号運用ができるというのは数学にとってとても大切なことです。数学は記号を形式的に駆使することで研究をしていく学問だからです。これが自由にできなければ、数学を根本から理解することは難しい。また、形式的な式の変形は、思っている以上に様々な情報を含んでいて、形式から分かることもたくさんあるのです。このことを「自分に代わって式が考えてくれる」と表現した人もいました。

しかし、形式ばかりがクローズアップされて、ひたすら計算の習熟だけに走ることの弊害も考えておくべきでしょう。前にあげた算数の証明の例（電車の通過問題）で、答えを導くために行った $1350+50=1400$、$1400\div1400=1$ などはそれほど難しい計算ではありませんが、計算している式の意味が分からなければ内容を理解したことにはならないことを思い出しましょう。

⑵ 納得の心理学

意味の問題と並んで、もう1つの問題は、納得するとはどういうことかという心理学的なことです。つまり、計算ができるという「できた！」の世界と、意味が分かるという「だけどどうして？」の世界の関係です。

どうして、というのは形式の世界ではなく意味の世界の問題です。人は形式的な操作ができても、やっていることの意味が分からないと納得できない。前に例としてあげた電車の問題でいえば、1350＋50＝1400という計算はできるし、それが正しいことも分かる。でもこの2つの数値をたしたのはどうしてか、この場合たすというのはどういう意味を持つのか、また最後の1400÷1400＝1という計算も正しい。でもどうして割ったのか、ということの理解です。つまり、計算式には意味がある。前者なら、電車全体の移動距離は先頭車両から最後尾までだから、電車の長さだけ増える、後者なら、速度とは移動距離をかかった時間で割ったものだということです。その意味を理解しないで計算ができても、納得したという心理にはなれないのです。

これは算数だけではありません。数学の最先端でも同じことです。しばらく前、ある盲目の数学者が、意味さえ分かれば、どんな複雑な式の計算（変形）でも私は理解できる、という意味のことを言いました。この数学者は数式の操作を目で見ているわけではありません。数式の意味を通して頭の中でその変形過程を見ているのです。

ところで、数学（が提示した事実）が分かる、納得するとはどういう心理状態を指すのかは、すでに数学の問題ではなく心理学の課題である、という言い方はおそらくは可能です。学生に納得してもらうことは数学教育の主目的ではないという立場をとれば、大学における数学教育のように、定理とその証明は教えた、あとは学生自らが分かるまで考え続けることだ、ということになるのかもしれません。

たとえば、数学のノーベル賞と言われるフィールズ賞の日本最初の受賞者である数学者の故・小平邦彦は、

> 「はじめはわからない証明も繰り返しノートに写して暗記してしまうと何となくわかる、少なくともわかったような気になる。わからない証明を暗記するまで繰り返しノートに写す、というのが数学の一つの学び方であると思う。(中略) それならば証明は暗記しさえすればわかるか、というと、必ずしもそうは行かないようである。繰り返しノートに写しているうちに大脳の中で何かが起こってわかった！　ということになるらしい。何も起こらなければ暗記はしたけれどもやはりわからないということになるようである」
>
> (小平邦彦編『数学の学び方』岩波書店)

と書いたことがあります。この言葉は多くのプロの数学者の共感を呼ぶに違いないと思います。私自身も結局はノートや本を何回も読み返すことで数学を理解してきたと考えています。小平が文章の中で「暗記しさえすればわかるかというと、そうは行かない」と語っている部分に十分注意してください。数学の知識や証明を覚えることはとても大切なことです。しかし、暗記することは理解ではないので

す。ここで重要なことは、小平が言っている「大脳の中で何かが起こって」の部分でしょう。何が起きたのかうまく説明することはできないが、とにかく自分は何回もノートを読み返すことによって、数学の内容を納得することができたのです。ですから、学校教育の中で、納得の仕方を直接教えてもらったわけではない。

つまり、納得するという心理状態はとても個人的なことで、ある人が納得したのと同じ方法で私も納得できるわけではないし、私の納得の仕方であなたも納得できるわけでもないのです。

イメージをつくり出す力

記号操作が曖昧性を持たず、大勢の人が共有できるものなのに対して、意味の理解は共有しにくい。それはなぜかといえば、数学の意味は具体物ではなく抽象的なイメージに支えられることが多く、イメージとはすぐれて個人的なものだからです。私は4次元空間や曲がった空間、あるいは群についてあるイメージを持っています。それは、私が数学を学ぶ中で自分の中に創り上げてきた数学の理解の仕方です。ということは、私の持つイメージは他の人が持っている次元や空間のイメージとは違っているでしょう。つまり、数学を学ぶ人は自分だけのイメージを元にして、記号の意味を摑(つか)まえているのです。これが「できたけど分からない」問題の根底にあると、私は考えています。

ですから、数学教育の中で大切なことは、数学を学ぶ人たちに対して、数学記号に対するさまざまな豊かなイメージを見せ、それらのイメージを元にして、数学を学ぶ人が自分のイメージをつくり出す力を養うことだと思います。それは想像力の問題と言ってもいいかもしれません。確かに、微分積分学はカボチャを買うためには役立たないかもしれない。しかし、微分積分学のイメージは数学以外のところでも役立つはずです。核発電所の事故に関係して少し問題になった例で言えば、微分量と積分量の違いなどはとても大切なイメージだと思われます。

数学教育とは

ところで、大学における数学教育が数学研究のプロを育成するためにあるとするならば、自分で納得しなさいという教育方法はとくに間違っているとは言いにくいだろうと思います。数学のプロとして研究活動を続けていくためには、自分で数学を理解する方法を身につけるほかありません。前に述べたように、イメージとは教えてどうにかなるというものではないからです。

しかし、学校教育におけるほとんどの数学教育は、数学研究のプロを育成するためにあるわけではありません。それは、文化という土壌を耕し、この世界を理解する方法の1つを学び、生活をさらに豊かにしていくためにあります。その土壌の中から、プロの数学者も育っていくはずです。したがって、そこでは数学を「納得して分かってもらう」ことを伝達していくことが必要です。その場合でも、子どもたち自らが納得することが重要であることは間違いありません。

これは数学研究者を育成することと相似です。つまり、学んでいる数学の意味を理解し、自分が行っている記号操作（計算）を、なるほどそういうことか、と納得する過程については、子どもたちは数学者が数学の最先端の研究をし、それを理解していくのと同じ経験をしているのです。もちろん、数学研究者は自分の力で努力しています。しかし、初等数学教育では、教師の側が、学びの過程にある子どもたちに分かってもらう努力を払わなければならない、ということがどうしても必要になるでしょう。

ここでは、「数学の証明ができるための技術を教えること」と「数学では証明という手段を使い、意味の連鎖を考えていくこと」の両方を数学教育としてきちんと意識し、両者を丁寧に説明していく必要があると思われます。これは数学理解のための両輪であり、どちらが欠けても数学を理解することは難しいと思います。

考えてみれば、たとえば計算という内容について、形式と意味が最終的には一体となり数学の理解になっていくとしても、数学教育としては「計算技術」と「計算の意味」をきちんと両方とも教えていたはずです。証明の教育についても同じことが言えます。証明の技術的、形式的な側面を学び練習すると同時に、いま自分がやっている証明が何を言おうとしているのか、式の変形にどんな意味があるのか、それを常に意識することがとても大切だと思います。

計算の仕方（技術）だけを教え、それを繰り返し訓練しているうちに、計算の意味が分かるようになるという教育論があります。数学教育に携わる人の中にもこのような主張をする人がいるかもしれません。先ほどの小平邦彦の言葉も、もしかするとこのような主張の裏付けに使われてしまう恐れもあります。しかし、多くの人にとっては、意味も分からずに計算の訓練をするのは苦痛なのではないでしょうか。

確かに、算数の式でさえも、すべてに意味をつけるのはとても難しいことです。また、意味理解にこだわりすぎるために、かえって子どもたちの数学理解を妨げてしまうこともあるかもしれません。しかし、子どもたちが記号操作の意味をきちんと理解し運用できるために、十分な手助けと指導を行う努力を払うことが、数学教育では必要だと思います。

1.6 もう少し数学教育の話——抽象と具体

初等教育の目的は、学校生活を通して子どもたちに社会的な行動様式を身につけてもらうことと、各教科の内容を伝達することです。各教科の内容について伝達したいことは、大きく分ければ2つあります。1つは様々な学問分野の基礎的な知識を的確に正確に子どもたちに伝えていくこと、もう1つは学問固有の思考方法の雛形(ひながた)を身につけてもらうことです。

自然科学（理科）系の学問については、その基礎的な知識を共通の常識としてしっかりと身につけることには、大きな意味があります。それは、21世紀を生きていく人間にとってもっとも基本的な教養であり、知っておかなければならないことです。

数学についても同様です。とくに、数学のような抽象的な知識が、子どもたちの日常生活の中から自然発生的に出てくるとはなかなか考えにくいことです。ですから、数学的知識はその知識を的確に伝えるにふさわしい場面を設定して、子どもたちに教える必要があるのです。

とすれば、思考方法という、より抽象的なものは、さらに特有の場を設定して、子どもたちにしっかりと教える必要があると考えられます。

ところが、このあたりが教育のパラドックスなのだと思われます。もう少し詳しく説明しましょう。

具体と抽象

いま自分が考えていることをほかの人に伝えるのは、とても難しいことです。考えた結論だけを他人に伝えるのはやさしいかもしれません。しかし、どう考えたか、つまり思考のプロセスを他の人に伝えることは難しい。「考える」とはどういうことなのか（思考の雛形）は、具体的な事例や問題を通して、子どもたちに体感してもらうことができるだけです。

数学を学んでいる人たちが、いま、何をどう考えているのかは、彼らが具体的に何をどう操作しているのか、どういう記号操作をしているのかで判断するほかないようです。「意味が分かる」とは、まず最初には「自分がいまやっていることの意味が分かる」ことであって、最初から抽象的に意味が分かるわけではありません。つまり、数学は抽象的な概念を記号操作によって論理的に展開していく学問だとしても、最初に数学を学ぶときは具体的なモノや操作から出発するほかありません。ここに、先程述べたイメージの力が発揮されるのです。

手触りのある具体的なものから頭の中に存在する抽象的

なイメージへ、考える手がかりは次第次第に発展していきます。数学固有の思考方法である証明という手段についても同様です。最初は具体的な何かを通して、証明とは何かを知ってもらうことが大切です。その具体的な素材を十分に用意しておくことが、数学を理解してもらうための重要な基盤の１つです。

子どもたちはすべての教科で、具体的な手触りのある日常的な経験を通して、次第次第にその教科に特有な概念や思考方法を学んでいきます。子どもたちが500円玉を握りしめて経験する初めてのお使いや、初めて一人で祖父母のもとに旅すること、昆虫採集、魚釣り、遊びを通しての友人関係、これらはすべて、子どもが意識するとしないとにかかわらず、社会科や理科を学ぶ上での大きな経験になっているはずです。文字を学び、自分で読みたい本を読めるようになることも大切な経験の１つです。本の世界は無限ですから、文字を学ぶことによって子どもたちの経験できる世界は飛躍的に広がるでしょう。

数学も同じことです。500円玉を握ってお使いに行き、350円の買い物をすれば150円のお釣りがくる。これは500－350＝150という計算の具体例です。お菓子を友達と分ければ、それはわり算の計算の具体例になります。こうして、子どもたちが初めて学ぶ数学（算数）は彼らの日常生活経験と密着し、その経験を広げていく役にたちます。

分数を学ぶこと

しかし、数学という学問の性格は、そのような具体例を日常生活の中で探すことを急速に難しくしていきます。

たとえば小数と分数について考えてみましょう。小数は私たちの身の回りにそれなりに出てきます。それは、小数がその10進数としての構造から、大小を比較するのがわりに容易なためです。野球の打率や勝率などはその典型的な例でしょう。駅から3.7 kmとか、マラソンの距離が42.195 kmなどと言います。日常的な数値は小数を使って表されるのが普通です。しかし、分数となると、その例を身の回りで探すことは容易ではありません。普通、マラソンの距離は$42\frac{39}{200}$ kmとは言いません。分数といってすぐに思い浮かぶのは、砂糖大さじ1/2とか、小麦粉1/3カップなどの料理用語でしょうか。私たちは普段1/7などという分数を使うことはないし、多くの人は11/35と9/28の大小をすぐには判定できないでしょう。もちろん数学、数学教育のプロであっても、この大小を判定するには多少の時間がかかるはずです。0.3143＋0.3214は比較的容易に0.6357と答えることができますが、11/35＋9/28はいくつかという問いはそう簡単に答えることができません。このように、分数はそれ自身がとても抽象的な概念であり、日常にすぐに顔を見せる数ではないのです。

では分数など学ぶ必要がないのでしょうか。

そうではありません。分数には、日常生活への具体的な応用ではなく、子どもたちに抽象的な概念の「具体例」を与えるという、大切な意味があるのです。分数という抽象的な概念とその形式的な計算という手続きを通して、私たちは日常経験から少し離れて、抽象的な経験をすることができる。この経験の積み重ねが、さらに中学校、高等学校と進んで数学を学ぶときの大切な基礎となるのです。ここには、「使わないなら学ぶ必要がない」という短絡的な教育観からは見えてこない大切な視点があります。

そんなとき、具体から抽象への経験の橋渡しをするのがさまざまな教具の役割です。多くの教具には、子どもたちが日頃目にすることがない、数学的な概念を具体物として見えるようにするという意味があります。そのような教具を用意しなければ、抽象的な概念はなかなか理解できません。たとえば、数の10進構造を目に見えるようにし、数の計算を具体的な操作として表現しているタイルなどがその典型的な例です。タイルを使うことによって、数の10進構造と、それにもとづく計算の構造が見えてきます。ここにも、数学教育の面白さと難しさの1つの側面があります。

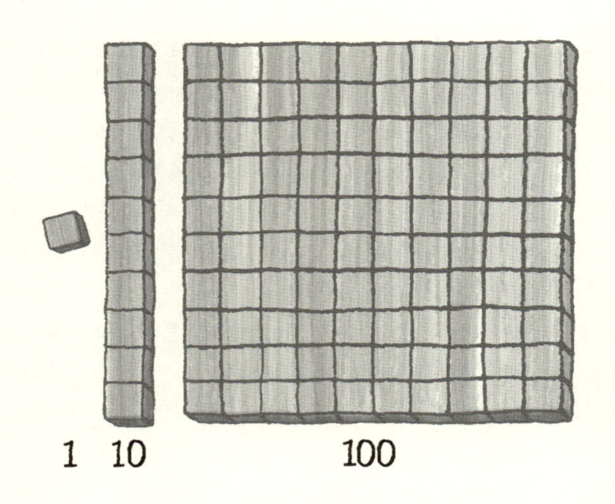

〈図 1.3〉 10進構造を可視化

数学＝想像力の科学

数学は19世紀以降、抽象的な概念と構造を扱う科学であるという性格を急速に強めてきました。それは想像力の科学とも言えると思います。目に見えず、触ることもできない概念や方法そのものを、想像力という、人が人であるためのもっとも大切な能力を使って研究していく学問、それが数学です。

このような数学の性格のために、小学校や中学校で学ぶ数学（算数）も、他の教科に比べて抽象性が高くなります。数学（算数）が抽象的な概念を学ぶ科学だということは、すでに多くの人が小学校高学年から経験しています。前にお話しした分数の考え方やその計算技術は、有理数という用語こそ小学校では出てはきませんが、算数の中で有理数という数のシステムとその運用を学んでいることになります。これらはいわば、人の考え方の基盤となるべきもので、目に見える具体的な応用がなくても、思考と想像力という人の人たるゆえんの能力を支えているのです。

ところで、証明と証明の技術も、数学という科学の中で学ばれ獲得される大切な概念の1つです。証明という方法は数学に限らない汎用性を持っていると言っていいでしょう。すなわち、数学で学んだ証明の論理は、数学という場を離れても、あらゆる物事を的確に論理的に判断する大切な手段となります。確かに日常生活の大部分では、条件や状況などが曖昧なまま、物事を判断しなければなりません。最後には感覚的に判断しなければならないことも多いでしょう。しかし感覚的に判断する前に、きちんと論理的に判断をし、最後の最後に自らの感性を信じて判断を下すということは、とても大切なことです。小学校以来学んできた数学（算数）は、そのような人のもっとも基盤にある行動様式を、しっかりと支えているのです。

第2章

証明のさまざまな技術

2.1 論理の3つの姿──演繹、帰納、仮説

私たちは日常生活の中でもいろいろな論理を駆使しています。さまざまな出来事や行動の理由を聞かれて、だってこうだから、と答える場面はたくさんあります。「どうして」という質問に対して、「こうだから」と答えることで私たちのコミュニケーションが成り立っているという側面があるのです。合理的に判断できることなら、なぜかと聞かれたら明確にこうだからと答えなければならない、これは私たち社会の一番大切なルールの１つといえるでしょう。ややもすると、この大切なルールをはぐらかしてしまうことが、あたかも頭の回転の速さの証のように捉えるむきもあるようですが、それは社会のルールを脆弱(ぜいじゃく)にしてしまうだけです。

もちろん、日常生活だけではありません。自然科学では事象の原因を考えることはもっとも大切なことの１つです。それは数学でも変わりません。なぜと問うこと、それが論理的思考の原初の姿です。

このとき私たちが使う論理は大きく分けると３つあります。それが演繹論理、帰納論理、仮説論理です。

2.2 演繹論理

演繹論理とは次のような論理を言います。

「A である。

A ならば B である。

したがって B である」

これはいわゆる三段論法です。A であるという事実が正しく、A ならば B だという論理が正しければ、必然的に B となる。ここには曖昧さがありません。数学で言えば

$\triangle ABC$ と $\triangle DEF$ は合同である

2つの三角形が合同なら対応する角は等しい

したがって $\angle A$ と $\angle D$ は等しい

などが演繹論理の例です。

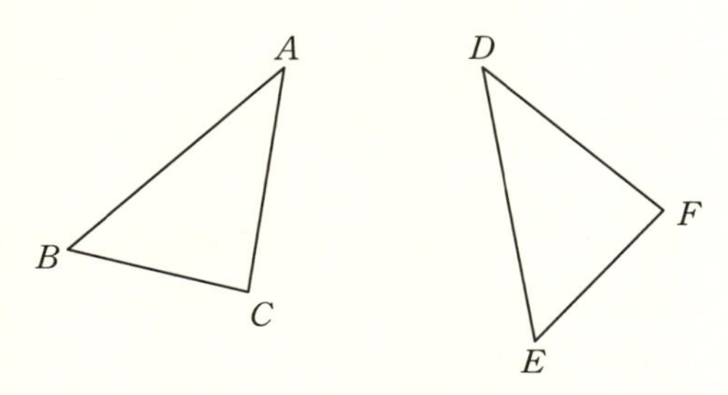

$\triangle ABC \equiv \triangle DEF$ なら $\angle A = \angle D,\ \angle B = \angle E,\ \angle C = \angle F$

〈図 2.1〉合同三角形

図形の合同は、2つの角や辺が等しいことを証明するための一般的な手段で、それを使った論理は初めて出会う典型的な証明です。多くの中学生は「2等辺三角形の両底角は等しい」という定理を証明するために、この論理に出会います。

日常の演繹論理は面白くない

ところが、私たちが日常で使う演繹論理は必ずしもこの形式ではありません。それは、「A ならば B である」の部分（三段論法の二段目）が、日常の論理では行為として示されることが多いからだと考えられます。それで、演繹論理を次のような例で示すと分かりやすいと思います。

この袋の中の玉はすべて黒い
この玉はこの袋から取り出された
したがって、この玉は黒い

この論理では「A ならば B である」の部分は「黒い玉の入っている袋から取り出された玉ならば、その玉は黒い。ところで、この玉はこの袋から取り出された」の省略されたものと考えてください。

袋の中の玉が全部黒く、この玉がその袋の中から取り出されたのだとすれば、この玉が黒いことに間違いはありません。

とくに数学の場合は、論理の部分「A ならば B である」がまったく曖昧さを持たず、少しの誤差もないことが特徴です。その意味で、演繹論理は正しいことは間違いないのですが、あまり面白くない論理だともいえます。それは、黒い玉の入っている袋から取り出された玉が黒いのは当たり前だからです。

ですから、数学としての面白さは、「したがってこの玉は黒い」という結論ではなく、この玉がこの袋から取り出された、という部分を検証することにあります。この場合は、使われている論理は演繹論理とは少し違っていると考えられるのですが、それは少し後で、仮説論理として説明します。

疑われるのは論理のどこか

演繹論理について、A と B はいわば事実の部分ですから、この論理にいくぶんでも疑問が生ずるとすれば、それは「A ならば B」の部分です。

昔から、こじつけの論理として有名なものに「風が吹けば桶屋が儲かる」という言葉があります。これは次のような論理から成り立っています。

- 「風が吹けば桶屋が儲かる」なぜならば、
- 「風が吹くならば、埃(ほこり)が舞い上がる」
- 「埃が舞い上がるならば、それが目に入る人がでる」
- 「埃が目に入る人がでるならば、目を病む人が増える」
- 「目を病む人が増えるならば、目が見えなくなる人が増える」
- 「目が見えなくなる人が増えるならば、三味線を弾く人が増える」
- 「三味線を弾く人が増えるならば、三味線の需要が増える」

- 「三味線の需要が増えるならば、猫の皮の需要が増える」
- 「猫の皮の需要が増えるならば、猫が少なくなる」
- 「猫が少なくなるならば、鼠(ねずみ)が増える」
- 「鼠が増えるならば、桶がかじられる」
- 「桶がかじられるならば、桶の需要が増える」
- 「桶の需要が増えるならば、桶屋が儲かる」

これは、確かに見かけ上の演繹論理で、形式的な三段論法の積み重ねです。すべて「A ならば B」の形をしていることに注意してください。しかし、それぞれの「ならば」の部分は、どうも素直には納得できません。少し考えれば分かることですが、「A ならば B」の部分に不確実性がありすぎるのです。風が吹くならば埃が舞い上がり、それが目に入って目を病む人がでる可能性はあるでしょうが、それは必然ではありません。ほとんどの人は目を病むことなく終わるでしょう。ましてや、三味線の需要など増えそうにありません。そんな曖昧さが積み重なって、こんな奇妙な結論を導いてしまうのです。

このように、演繹による三段論法は日常生活で無制限に使うと、奇妙なこじつけ論理になってしまうおそれがあります。

しかし、数学での演繹論理は「風が吹けば桶屋が儲かる」というようなことはありません。数学の場合は、A ならば B にぶれはありません。A であれば、間違いなく B になる。袋の中の玉がすべて黒いなら、この袋から取り出された玉は必ず黒なのです。ですから、これを積み重ねても最終結論がおかしなことになるということはありません。

注） もっとも、日常での三段論法がいつでもとんでもない結論を導いてしまうわけではありません。新聞に次のような論法が載ったことがあります（『朝日新聞』2011 年 11 月 29 日）。記事の要旨は次の通りです。
- この冬は寒くなるか。
- 今年（2011 年）ペルー沖では海水温が下がるラニーニャ現象が起きている。
- ペルー沖の海水温が下がると、暖かい海水が西側の海域に追いやられる。
- 西側の海域が暖まると、海水の蒸発が激しくなる。
- 海水の蒸発が激しくなると、雨雲ができる。
- 雨雲ができると、偏西風が蛇行する。
- 偏西風が蛇行すると、寒気を呼び込む。
- 寒気が入れば寒い冬になる。
- したがって、ラニーニャの年は日本の冬が寒い。

この三段論法はかなり妥当なもので、ラニーニャ現象が起きると日本の冬は寒くなる傾向にあるようです。

演繹証明の例①――2等辺三角形の底角定理

演繹証明の例として、先程述べた、中学生が最初に学ぶ2等辺三角形の底角定理を紹介しましょう。

底角定理 2等辺三角形の底角は等しい。

証明 2等辺三角形の頂角 $\angle A$ の2等分線が底辺 BC と交わる点を D とする（図 2.2）。

$\triangle ABD$ と $\triangle ACD$ において、

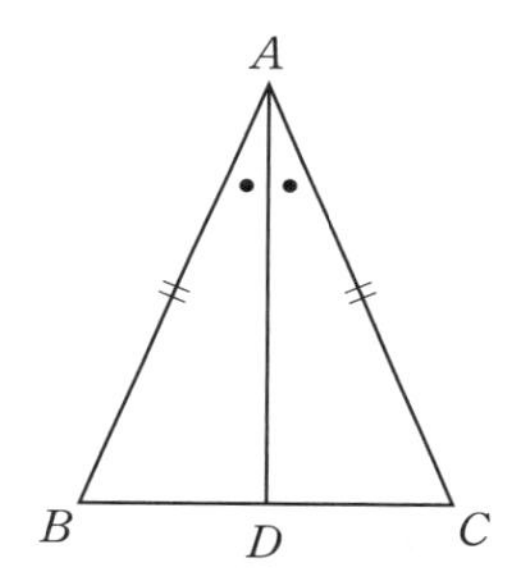

〈図 2.2〉2等辺三角形の底角定理

$AB = AC$

AD は共通

$\angle BAD = \angle CAD$

したがって、2辺夾角（きょうかく）の合同定理により

$$\triangle ABD \equiv \triangle ACD$$

である。

よって、対応角は等しく

$$\angle B = \angle C$$

である。（証明終）

これが標準的な中学校の教科書に出てくる証明です。論理の骨格だけを取り出してみると、

$\angle A$ の2等分線という補助線を使って、

AD が頂角の２等分線ならば $\triangle ABD \equiv \triangle ACD$

$\triangle ABD \equiv \triangle ACD$ ならば $\angle B = \angle C$

となっていて、三段論法が２回使われていることが分かります。三角形の合同を使った典型的な証明です。

じつは、この証明にはいろいろと面白い数学的な事実が隠されているのですが、それはあとでふれましょう。この証明が「三角形が合同ならば対応する角が等しい」という事実にもとづいていることを確認しておいてください。

演繹証明の例②――中点連結定理

もう１つ、中学校で学ぶ定理のうち「中点連結定理」を紹介しましょう。これは図形の比例論の出発点になる大切な定理です。この定理の証明は中学生にとっては必ずしもやさしいものとは言えません。中学生にとっては証明を鑑賞すべき定理の１つだと思います。というのも、この定理の証明に必要な補助線を引くのは結構難しいからです。図の中に見えない点に向かって補助線を引くことは、最初はなかなか気がつきません。多くの幾何学ファンにとっては覚えのある証明かもしれませんが、この証明は補助線の引き方も含めて、第５章で紹介します。気になる読者はここで証明を考えてください。

中点連結定理　$\triangle ABC$ の辺 AB, AC の中点をそれぞれ M, N とする。このとき

$$MN \parallel BC \quad \text{かつ} \quad MN = \frac{1}{2}BC$$

が成り立つ。

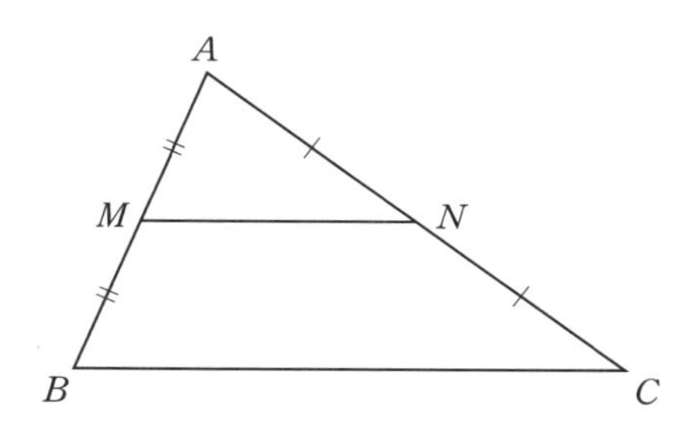

〈図 2.3〉中点連結定理

これらの定理が演繹証明の典型的な例です。

2.3 帰納論理

では次に帰納論理を説明しましょう。
帰納論理とは次のような論理をいいます。

「B である。
A ならば B である。
したがって A である」

少しおかしな気がしますか？　そうです。この論理は論理としては正しくありません。B であり、A ならば B だからといっても、B であることの原因が必ず A である必要はありません。B となることの原因はほかにもたくさんあるかもしれない。

帰納論理は推測である

ですから、帰納論理は正確には

「*B* である。
A ならば *B* である。
したがって多分 *A* だろう」

といわなくてはなりません。*B* であるという事実が正しく、*A* ならば *B* だという論理が正しくても、必然的に *A* となるわけではありません。*B* であることを導く *A* 以外の原因はたくさんあるのが普通です。したがって、ここには「多分〜に違いない」という推測が含まれます。帰納論理が論理的には推測でしかないということは、演繹論理との大きな違いです。

これも、次のような例で示すと分かりやすいと思います。

この玉は黒い
この玉はこの袋から取り出された
したがって、この袋の中の玉はすべて黒いに違いない

この「ならば」の部分（二段目）も詳しく書けば、

この袋の中の玉がすべて黒いならば、この袋の中から取り出された玉は黒い。ところで、この玉はこの袋か

ら取り出された。

となるものです。

こうしてみると、最後の結論が推測でしかないことがはっきりと分かります。しかし、A ならば B の部分、つまり袋の中から玉を取り出すという行為を何回も繰り返し、そのたびに取り出された玉が黒かったら、袋の中の玉はすべて黒い、という結論はだんだん真実味を帯びてきます。

これが自然科学の実験における論理です。何回も実験を積み重ねて、追試験のたびに同じ実験結果が確認されるなら、A であろうという推測は多分真実である、ということになります。そして、自然科学は、その多分真実であろうという事柄を、推測ではない別の方法で証明する努力を積み重ねてきました。

しかし、数学では残念ながら、このような実験科学の帰納論理は使うことができません。数学史に有名な例があります。

フェルマー数の問題

フェルマーの最終定理で知られる17世紀フランスの数学者フェルマーは次の形の数（フェルマー数）

$$2^{2^n}+1$$

は、すべての $n=0, 1, 2, 3, \cdots$ について素数であろうと予想しました。実際に $n=0$ の場合は $2^{2^0}+1=2+1=3$ で素数になります。以下、$n=1, 2, 3, 4$ の場合、

$$2^{2^1}+1=5,\qquad 2^{2^2}+1=17,\qquad 2^{2^3}+1=257,$$

$$2^{2^4}+1=65537$$

はすべて素数になります。袋から取り出された5個のフェルマー数という玉はすべて黒かった（素数だった）というわけです。では残りのフェルマー数という玉も、すべて黒いと言えるか。

残念ながらそうではありませんでした。18世紀に活躍した数学者オイラーは1732年に、6番目のフェルマー数$2^{2^5}+1=4294967297$が$4294967297=641\times6700417$と素因数分解されることを示しました。この素因数分解を試行錯誤で見つけることは困難です。オイラーはきちんとした数学的な考察からこの素因数分解を発見したのです。

現在では、逆にフェルマー数で素数となるものは$n=0$, 1, 2, 3, 4の場合の5つしかないだろうと予想されています。つまり、袋の中の玉はほとんど全部が白で、黒い玉は5個しかなかった。たまたまこの5個の玉が取り出しやすいところ（$n=0, 1, 2, 3, 4$）にあったので、最初に取り出された5個が黒かったのだ、ということです。ただし、残りの玉が全部白である（残りのフェルマー数がすべて素数でない）ことは、まだ証明されていません。

素数については次のような話題もあります。

整数nについての式

$$f(n)=n^2-n+41$$

は、1, 2, …, 40の40個のnについて、すべて素数となります。おそらく普通の自然科学では、「したがって、この式の値 $f(n)$ はすべての正整数 n について素数となる」と結論するところではないでしょうか。しかし、$f(41)=41^2-41+41=41^2$ でこの式の値は $n=41$ で素数にはなりません。

一般に、整数を係数とする1変数の多項式 $f(n)$ で、すべての正整数 n に対して $f(n)$ の値が素数となるものは存在しません。それは次のように簡単に分かります。

整数を係数とする多項式

$$f(x) = a_n x^n + a_{n-1} x^{n-1} + \cdots + a_1 x + a_0$$

を考える。ある正整数 m について、この多項式の値 $f(m)$ が素数 p になれば、$f(m+p)=f(m)+(p$ の倍数$)$ だから、$f(m+p)<0$ なら素数でないし、$f(m+p)>0$ なら p でわり切れて素数にならない。

このように、普通の帰納論理は数学的に正しい論理とはなりえないのです。もちろん、数学も自然科学ですから、ある定理を推測するのに帰納的な方法を使います。これは数学での実験といってもいいでしょう。いろいろと試してみた結果、どうやらこんなことが成り立つらしい、という推測をするのです。

有名なフェルマーの最終定理「$x^n+y^n=z^n$ は $n \geqq 3$ のとき整数解 x, y, z を持たない」は $n=3, n=4$ のときなどに個別に証明され、とても大きな n についても成り立つことが証明されていました。しかし、すべての正整数 n については、1995年まで証明されていませんでした。すべての正整数についてフェルマーの最終定理が成り立つだろう、という推測を証明しようとすれば、数学では例示をするだけでは不十分なのです。ここには、無限の持つ大きな特徴が姿を見せていますが、それは後でお話しします。

ところで、数学には数学的帰納法と呼ばれる論理があります。帰納法というからには、これは推測の論理なのでしょうか。数学の定理が数学的帰納法で証明できるとはどういうことなのか。これは多くの高校生が素朴に疑問に思うことかもしれません。

では、数学的帰納法がなぜ数学的に正しい論理なのか。次にそれを考えてみましょう。

2.4 数学的帰納法——帰納論理か演繹論理か

数学的帰納法といわれる論理はいわゆる帰納論理ではないのでしょうか。帰納という名がついているからには、これは必然的な結論を導く論理ではなく、「……かもしれない」といえるだけなのでしょうか。

数学的帰納法とは

一般に数学的帰納法と呼ばれるのは、次のような論理です。

自然数 n についての命題（証明したい事実）を $P(n)$ としましょう。$P(n)$ がすべての自然数 n について正しいことを証明しようとするとき、1つ1つの n についての命題を個別に証明するということも考えられます。すなわち、

$P(1)$ が正しいことを証明する。

$P(2)$ が正しいことを証明する。
$P(3)$ が正しいことを証明する。
以下同様に、$P(4)$, $P(5)$, $P(6)$, … と証明を続けていく。

しかしこの方法で、「すべての」自然数 n について $P(n)$ が正しいことを証明することはできません。なぜなら、n は $n=1, 2, 3, \cdots$ と無限に続くので、この証明を完成することはできないのです。ここに有限と無限の大きな違いがあります。これが1から100までの自然数について $P(n)$ が正しいことを証明せよという問題なら、1から100までの自然数「すべて」について個別に1つ1つ正しいことを検証すれば $P(n)$ が1から100までの数に対して成り立つことが証明できます。しかし、n が無限に続く場合、すべての数について検証することは不可能です。

このとき、自然数が1から順番に1ずつ大きくなる系列として並んでいるという特性を生かした次のような証明手段があります。

(1) $P(1)$ が正しいことを証明する。
(2) $P(k)$ が正しいと仮定すれば $P(k+1)$ も正しくなることを証明する。

(1)、(2)が証明されると、すべての自然数 n について $P(n)$ が正しいことが証明されたことになる。

というものです。この証明方法を数学的帰納法といいます。この論理は多くの高校生にとってとてもエレガントでユニークに見える、と同時に、この論理を奇異に思う高校生も大勢いるようです。

なぜすべての n について証明できるのか

この論理で、すべての自然数 n について $P(n)$ が成り立つことが証明できているのはなぜでしょうか。

この証明はよくドミノ倒しにたとえられます。無限枚のドミノが並んでいる。このとき、

(1) 最初のドミノは倒れる
(2) k 番目のドミノが倒れれば、$k+1$ 番目のドミノも倒れる

この 2 つが分かれば、すべてのドミノが倒れることが分かるというものです。

〈図 2.4〉ドミノ倒し

つまり、任意のnについて、n番目のドミノが倒れるという命題を$P(n)$とすると、最初のドミノは倒れる（$P(1)$は正しい）、k番目のドミノが倒れれば$k+1$番目のドミノも倒れる（$P(k)$が正しければ$P(k+1)$も正しい）ことが分かれば、1番目が倒れるのだから、2番目も倒れる。2番目が倒れるのだから、3番目も倒れる。3番目が倒れるのだから、4番目も、という具合に、あとは連鎖反応でドミノはどんどん倒れていきます。

数学的帰納法は、17世紀フランスの学者パスカルが考え出した証明方法だといわれています。これは、自然数が1から始まって順番に1ずつ増えていく数のシステムだということに依存した証明方法です。いわば、数学的帰納法という証明方法が成り立つことそのものが自然数の特徴だということもできます。実際にペアノという数学者は数学的帰納法が成り立つことを軸にして、自然数を公理的に構成してみせました。ペアノの自然数の構成法について関心がある方は、拙著『数をつくる旅5日間』（遊星社）をご覧ください。

数学的帰納法は演繹論理

では数学的帰納法は帰納論理なのでしょうか。

帰納論理（帰納法）とは、結果Bと、推論過程である「AならばB」から、前提Aを推測するという論理です。何回もの実験や実測を経て（袋の中から何回玉をとりだしても、いつでも黒かった）、だから前提Aは正しいに違いない（袋の中の玉はすべて黒いに違いない）という結論を出すものです。

確かに数学的帰納法は無限回の実験をするように見えます。しかし、これはよく考えてみると、2.3節で述べた帰納法ではないことが分かります。数学的帰納法は $P(1)$, $P(2)$, $P(3)$, … が成り立つことから一般に $P(n)$ が成り立つことを推測しているわけではありません。そうではなくて、この論理は自然数という特別な数のシステムに特有の性質を十分に使いこなして、自然数に関する命題を演繹論理として証明しているのです。

帰納法を英語で induction といいます。数学的帰納法も mathematical induction といいます。induction を英和辞典で調べると、誘導とか誘発、提示、提出という意味が出てきます。普通の帰納法は証拠の提示という意味なのでしょう。数学的帰納法は誘導というと分かりやすいと思います。つまり、ドミノ倒しと同じ感覚で、初めから順に次々と無限個の命題が証明されていくわけです。これは次のように言いかえられます。

すなわち、どんなに大きな自然数、たとえば1000（あまり大きくないですか？）が与えられて、$P(1000)$ は正しいかと問われても、私たちは数学的帰納法でいつでも自信を持って「はい、正しいです。なぜかというと、$P(1)$ が正しい、したがって $P(2)$ が正しい、したがって、$P(3)$ が正しい、…、したがって $P(999)$ が正しい、したがって $P(1000)$ が正しいです」ということができるからです。1000 でも 10000 でもどんな大きな数 n を相手が持ち出しても、$P(n)$ が正しいことを私たちは自信を持って表明することができる。これが数学的帰納法の構造です。

まとめておきましょう。

数学的帰納法 $P(1)$ である。$P(k)$ ならば $P(k+1)$ である。したがって $P(n)$ である。

こうしてみると、数学的帰納法が演繹論理の形式をとっていることが分かります。

数学的帰納法には帰納法という名前がついていますが、いわゆる帰納論理とは違って、純粋に自然数の構造に依存した演繹論理の一種なのです。

一般の n について正しい？

もう1つ、高校生の疑問に答えておきます。数学的帰納法で、「$P(k)$ が正しいと仮定すれば $P(k+1)$ が正しい」の部分です。一般の k について $P(k)$ が正しいと仮定するなら、なにも $P(n)$ が正しいことを証明する必要がないのではないか、という疑問です。

この k は一般の n ではありません。仮定しているのは、k 以下の自然数 n について命題 $P(n)$ が成り立つということです。したがって、k より大きな自然数については命題が成り立つかどうか分からない。しかし、k まで仮定すれば、もう1つ大きな $k+1$ まで命題が成り立つことが分かるという意味です。ですから、数学的帰納法の第2ステップを

(2) k 以下の n について、$P(n)$ が正しいと仮定すると $P(k+1)$ も正しいことを証明する。

と表現すると分かりやすいのだと思います。ですが、普通

はこれを

(2) $P(k)$ が正しいと仮定すると $P(k+1)$ も正しいことを証明する。

と表現するのです。

数学的帰納法の例①

最後に数学的帰納法の例をあげておきましょう。

例題 1から始まる n 個の奇数の和は n^2 に等しい。

$$1+3+5+\cdots+(2n-1) = n^2$$

証明 (1) $n=1$ のとき、左辺$=1$、右辺$=1^2=1$ で等しい。

(2) $n=k$ のときに公式が成り立つと仮定する。

したがって

$$1+3+5+\cdots+(2k-1) = k^2$$

である。

$n=k+1$ のとき

$$\begin{aligned}
&1+3+5+\cdots+(2k-1)+(2(k+1)-1)\\
&= 1+3+5+\cdots+(2k-1)+2k+1\\
&= k^2+2k+1\\
&= (k+1)^2
\end{aligned}$$

よって、$k+1$ のときも与えられた式は成り立つ。

数学的帰納法により、すべての n について

$$1+3+5+\cdots+(2n-1)=n^2$$

が成り立つ。　(証明終)

これが典型的な数学的帰納法による証明です。

数学的帰納法の例②

数学的帰納法というと、自然数の問題に適用されることが多いのですが、少し進んだ幾何学では、点の個数や辺の本数などに数学的帰納法を適用して証明が行われることがあります。これも典型的な例を1つあげておきます。その前に、グラフとツリーという概念を導入しておきましょう。

例　いくつかの点をいくつかの辺で結んだ図形をグラフといいます。一繋(つな)がりのグラフ G で、どの辺を取り除いて

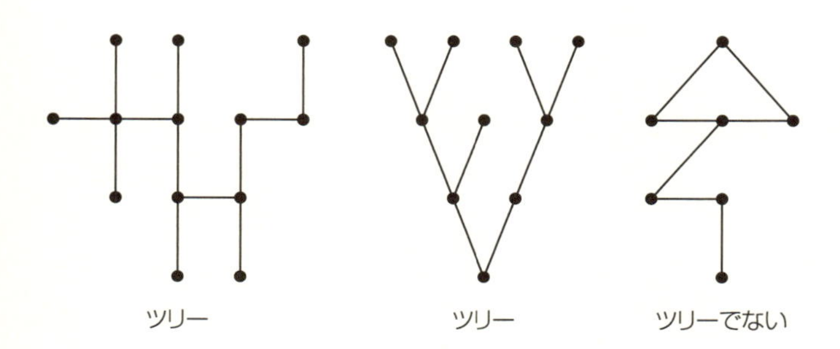

〈図 2.5〉ツリーの例とツリーでないグラフの例

も G が2つにばらばらになってしまうとき、G をツリーといいます。

結局、ツリーとは、ぐるっと一回りできる周回路を含まないグラフのことです。

定理　任意のツリー G において、頂点の数を v、辺の数を e とすると、

$$v-e=1$$

が成り立つ。

証明　ツリー G の辺の本数についての数学的帰納法で証明する。

(1)　G の辺が1本のとき。

このとき G は次のような図形しかなく、頂点数 v は2、辺数 e は1だから、$v-e=1$ が成り立つ。

(2)　辺数が k 以下のツリーでは定理が成り立つと仮定して、辺数が $k+1$ のツリー G を考える。G の頂点の数を s とする。

G から任意の1本の辺を取り去ると、G はツリーだから、2つのグラフ G_1, G_2 に分かれる。グラフ G_1 と G_2 の頂点数をそれぞれ v_1 と v_2、辺数をそれぞれ e_1 と e_2 とする。e_1, e_2 はどちらも k 以下で、かつ、G_1, G_2 はどちらもツリー

である(なぜでしょうか)。

したがって数学的帰納法の仮定から

$$v_1-e_1=1,\quad v_2-e_2=1$$

である。

両辺を加えると

$$(v_1+v_2)-(e_1+e_2)=2$$

となるが、$v_1+v_2=s, e_1+e_2=k$ だから、上の式に代入すると $s-k=2$ となって $s-(k+1)=1$ が成り立つ。

(証明終)

この定理は1次元のオイラー・ポアンカレの定理と呼ばれ、グラフ理論という数学の出発点になる大切な定理です。じつは、その一番簡単な場合が植木算という形で小学校の算数に姿を見せています。植木算の問題については後の算数の章でもう一度紹介します。

ところで、演繹論理、帰納論理と並ぶもう1つの重要な論理があります。それが仮説論理です。

2.5 仮説論理

前提と結論をつなぐ論理

A である、A ならば B である、したがって B である、という三段論法で、A と、A ならば B、から B を導く論理が演繹論理でした。また B を知って、A ならば B であることから A を推測する論理が帰納論理でした。ということはAとBから、中間のAならばBを導く論理もあってもいいはずです。再び袋と玉の例でいうと、次のような推論です。

この袋の中の玉はすべて黒い
この玉は黒い
したがって、この玉はこの袋から取り出されたに違いない

これは、前提と結論を知って、中間の行為を推測する論理です。この論理を仮説論理と呼びます（章末注参照）。もちろん、これは現実には正しいとは限りません。この玉が黒くても、この袋から取り出されたとは限りません。ですから、演繹論理と違って実際の問題に適用された仮説論理は、この段階では必然的な論理ではありません。現実問題としての仮説論理が必ずしも正しい論理とは限らないということは、少し記憶しておいてください。

しかし、帰納論理と違って仮説論理の場合は、仮説「この玉はこの袋から取り出されたに違いない」が証明されると、全体が一繋がりの演繹論理となり完成します。帰納論理ではいくら実験を重ねても、結論の確からしさは高まりますが、確証とはならないことに注意してください。仮説論理では推論のミッシングリンクが繋がると、演繹論理となるのです。

途中の論理そのものを推測するという仮説論理の例は、たとえば初等幾何学の証明問題の論理です。いわゆる証明問題では、仮定があり、結論が提示される。つまり、「平行

四辺形ならば、対角線が互いに他を２等分する」という問題なら、「平行四辺形」という前提と「対角線が互いに２等分する」という結論を論理の糸で結ぶことが求められています。これはまさに仮説論理にほかなりません。演繹論理が当然の結論を導くという意味で「つまらない」論理（つまらないというのは言葉の綾です。演繹論理がどうでもいい論理だというわけではありません）なのに対して、仮説論理は推理を含むという意味でとても「面白い」論理です。この論理の面白さは探偵小説の面白さと通底していると思います。

仮説論理と探偵小説

探偵小説では、ある事件が起き、犯人と目される何人かの容疑者が出る。大概の場合、名探偵は直感的に犯人を絞り込みます。探偵（と読者）がするべきことは、事件と犯人を結びつける論理の糸を完成することです。つまり、探偵小説の面白さは仮説論理の面白さであり、初等幾何学の証明問題の面白さと同じなのではないでしょうか。

黄金時代の探偵小説作家エラリー・クイーンは小説の最後に「読者への挑戦」というページを設けることで有名でした。日本の探偵小説作家、横溝正史もそれにならって、代表作「蝶々殺人事件」の「間奏曲」に次のような言葉を書いています。

「エラリー・クイーンの探偵小説を読むと終末近くに必ず読者への挑戦が出て来るようである。（中略）いままで書いて来た十七章までの間で、少なくとも原さくらを殺害した犯人の計画を、観破すべき諸材料はあらかた出揃っている筈である。どうです、一度ここらで巻を閉じて、冥想一番、犯人を指摘してごらんになっては」

（横溝正史「蝶々殺人事件」、『新版 横溝正史全集 5』講談社）

もちろん、読者はこの探偵小説を読んで、原さくら殺害の事実 A を知り、本を読み進め、犯人 B の目星をつけて、殺害の事実と犯人を結びつける論理の糸「A ならば B」を構成することになります。余談ながら、作者横溝正史には、この論理の糸は容易には繋げないという自信があったに違いありません。この探偵小説にはとても面白いトリックが使われています。未読の読者は「蝶々殺人事件」を読んで論理の盲点をじっくりと探ってみてはいかがでしょうか。

閑話休題。

このように、仮説論理は前提と結論を論理の糸で繋いでいく面白さを持っています。初等幾何学が大勢の数学ファンにいまも愛されているのは、これが大きな理由かも知れません。とくに初等幾何学の場合、仮定と結論は、探偵小説で犯人を推測するのとは違って、どちらも正しいことが分かっています。仮定と結論がどちらも正しいことがとても大切だということは、だんだんに明らかになっていくでしょう。

ところで、ちょっと寄り道をして、純粋に数学的な視点から、「ならば」という言葉を検討してみましょう。

2.6「ならば」という言葉

日常の「ならば」と数学の「ならば」

「ならば」という言葉を数学記号では「→」と書き、$A \to B$を「AならばB」と読みます。

日常感覚ではAが原因でBが結果、つまり、Aという原因からBという結果が生ずるという意味です。多くのことわざはこの構造をしています。

「雨降って地固まる」…………雨が降る、ならば、地面が固くなる
「猿も木から落ちる」…………猿が木に登る、ならば、木から落ちる
「犬も歩けば棒に当たる」……犬が歩く、ならば、棒で叩かれる

いずれも、最初が原因で、その結果、地面が固くなったり、木から落ちたり、棒で叩かれたりします。つまり、「ならば」という言葉は日常経験では因果関係を表します。因果関係にある原因と結果は時間経過も含んでいることに注意しましょう。常識として、原因は結果の前にあります。つまり、木に登らなければ木から落ちることもないわけです。

ところが、数学用語としての「→（ならば）」は因果関係を表さないのです。表さないというのは少し言いすぎで、因果関係を表すことがほとんどですが、数学的に厳密に言えば、前提と結論に直接の因果関係がなくてもよい、とい

うことです。したがって、数学用語としての「→（ならば)」は時間経過を含まないのです。

ごく常識的に、$A \to B$ は A が正しくて B も正しいときは正しい。また、B が間違っているときは、A が正しくても、A ならば B は間違っているに決まっていると考えられます。すると、A が正しくて B が間違っているときは、$A \to B$ は当然間違いということになるでしょう。

では A が間違っている場合はどうなるのでしょう。

少し不思議な感じがするかもしれませんが、

> A が間違っている場合は
> B が正しいかどうかにかかわらず、$A \to B$ は正しいとする。

これが数学用語としての「ならば」の約束です。これは、常識的に考えると少しおかしい気がするかもしれません。「$1+1=3$ ならば $1+2=3$ である」とか「$1+1=3$ ならば $2+3=4$ である」という言明は、ちょっと考えると正しいような気がしないのではないでしょうか。最初の言明なら、$1+1=3$ は間違いだけれど、$1+2=3$ はいつでも正しいし、後の言明なら、前提が何であっても $2+3=4$ が正しいはずがない！　というのが普通の感覚です。

しかし、数学ではどちらの言明も正しいとします。これは数学での約束だと思ってもらってもいいのですが、こんな約束をする理由が知りたい人もいると思います。

「ならば」の言いかえ

もちろん、数学がこんな約束をするのには、ちゃんとした理由があるのです。ここで重要な注意を1つ。数学の約束で「正しい」といっているのは、「$A \to B$」という命題であって、命題「B」が正しいといっているわけではないことに注意してください。これは大切な区別です。

いま、「A でないか、あるいは B であるかのどちらかである」という言明を考えます。たとえば、「(この三角形は) 2等辺三角形でないか、あるいは2つの底角が等しいかのどちらかである」という言明を5回ほど口に出して言ってみてください。三角形は2等辺三角形でないか、あるいは (もし2等辺三角形ならば) 2つの底角が等しいかのどちらかです。

こうして、「A でないか、あるいは B である」と口に出して何度も言ってみると、これが「A ならば B である」ことの言いかえであることが分かるのではないでしょうか。「A でないか、あるいは B である」が正しいとしましょう。もし A でないならば「A でないか」の部分が正しいので、B の真偽にかかわらず、「A でないか、あるいは B である」は正しくなります。一方、A ならば、A でないということが間違っているので、「あるいは」という言葉の相棒である B が正しいほかありません。つまり、A ならば B なのです！

ようするに、「A ならば B である」とは「A でないか、あるいは B である」の言いかえなのです。ということは、A が間違っている場合は、「A でない」が正しいのですから、「A でないかあるいは B である」という言明は B の真偽にかかわらず全体として正しいことになります。したがって、これの言いかえである「A ならば B である」は A が間違っている場合はいつでも正しいのです。「ならば」という言葉と違って、「あるいは」という言葉が日本語としても時間経過を含んでいないことに注意しましょう。

こうして、数学用語の $A \to B$ は A と B に直接の因果関係がなくても正しくなることがあります。たとえば、

「$1+1=3$ ならば $x^2=2$ の解は $\pm\sqrt{2}$ である」

や

「$1+1=5$ ならば面積 2 の正方形の 1 辺は $\sqrt{3}$ である」

はいずれも正しい言明になるのです。最初の言明ならば、$1+1=3$ であろうとなかろうと、$x^2=2$ の解は $\pm\sqrt{2}$ であるはずですし、2 番目の言明はそもそもまったくおかしなことをいっています。しかし、数学としてはいずれも正しい言明と考えます。

記号論理用語の「ならば」が、数学としては因果関係を表さなくてもよいということは、仮説論理にもう少し別の光を当てることになります。A が正しくて B が正しいときは、形式的に $A \to B$ が正しくなってしまうことを記憶しておいてください。第 3 章で記号論理的な立場から、この内容をもう一度検討します。

2.7 背理法

最後に数学で特に重要な役割を果たす、背理法（帰謬法）という論理について説明しましょう。背理法とは次のような論法をいいます。

> **背理法** A であるということを証明したいとき、「A でない」と仮定して論理を展開する。このとき矛盾が出てくれば、「A でない」という仮定が間違いだということになり、したがって A であることが証明できたことになる。

これが背理法です。

2つの大切な視点に注意しておきましょう。

(1) 2分法

背理法は、この世界の事実は A か A でないかのどちらかだ、ということをもとにしています。A でないとすると矛盾するのだから、A であるほかはない。この2分法は数学では普通に使う論理です。

A か A でないかのどちらかだということは、ごく常識的に考えると、いつでも正しいと思われます。この果物は蜜柑か蜜柑でないかのどちらかだ。そしてそのどちらが正しいのかは、調べれば分かります。あるいは、$x=4$ は方程式 $x^2-5x+6=0$ の解であるかないかのどちらかだ。そして、$x=4$ が解かどうかは $x=4$ をもとの方程式に代入してみれば分かります。ジャッキー少年は犯人か犯人でないかのどちらかだということは、調べるまでもなく正しいと考えられます。

しかし、数学では A か A でないかのどちらかだといっても、どちらであるのかを決められないような問題もあるのです。たとえば、数学者の間では有名な円周率の無限小数展開の問題があります。

「π を小数展開したとき、その中に 0 から 9 までの数字がこの順に続く個所があるか」

という問題です。π は現在小数点以下 31 兆桁以上も計算されています。π の小数展開の中に 0 から 9 までの数字がこの順に並んだ個所はあるかないかのどちらかですから、もし、コンピュータでそれが見つかれば、「正しい」ということで決着がつくでしょう。しかし、いつまでたっても見つからない場合、「間違いだ」ということはできません。なぜなら、π の小数展開は無限に続くので、何兆桁、何京桁計算してみても、言えることは「ここまでには見つからなかった」ということだけで、そのような個所が存在しないとは言えないからです。また、もし見つかったとしても、この問題を 0 から n までの数字がこの順に並ぶ個所があるかと変えてしまえば、何も解決していないことも分かります。ちなみに、π の小数展開では 173 億 8759 万 4880 桁目より 0 から 9 までがこの順に並んで出てくることが、1997 年に金田康正により確認されました。

ですから、この問題は本質的に、A か A でないかのどちらかだけれども、人にはそのどちらであるかを決定することができない問題なのです。

背理法は、すべての言明 A について、「A か A でないかのどちらかだ」という2分法に立脚しています。この2分法は私たちの常識には合っていますが、数学の問題の中には、どちらであるのかを人が決めることができない問題もある。しかし、そのことも含めて、数学は背理法という論理を採用することにしたのです。

つまり、ここでは我々は神様のような超越的な立場に立ち、すべての事柄 A について、A であるか A でないかのどちらかで、A でないとすると矛盾するのだから A であるとしています。A であることが一定の手続きによって「具体的」に示されたのではないことを、もう一度確認しておきましょう。

(2) 無限との関係

もう1つの大切な点は、数学の世界では背理法を使わなければ証明できない定理が存在する、ということです。

たとえば、ある事柄を証明しようとして、いくつかの場合に分ける。そのすべての場合についてその事柄が正しいことが証明できれば、全体で正しいことが証明できたことになる。このような場合分けの証明は、私たちがよく使う証明の技術です。人間がこのような証明をしようとすると、場合分けが10にも20にもなるとちょっと煩雑で、あまり実行はしたくないでしょうが、コンピュータならそのぐらいはまったく嫌がらずに場合分けを実行してくれます。

実際、1976年に証明された有名な4色問題（平面上のすべての地図は、4色あれば塗り分けることができる、という定理）は、コンピュータが2000通りにもなろうという場合分けを実行して、そのすべてについて4色問題は正しいことを証明してくれたのでした。

とても原理的なことを言えば、場合分けが何通りであろうと、有限ならばそれらをすべて調べることで、証明ができます。もちろん、あまりエレガントとは言えないし、場合分けの数が天文学的数字になれば、現実問題としては証明を実行することは不可能です。しかし、有限の場合分けの場合、「原理としては可能」ということもとても大切なことです。

ところが、場合分けが無限になった場合、これは原理として場合分けで証明をすることはできません。私たちは無限を直接に取り扱うことができません。したがって、無限を相手にした証明には、基本的に「…… でないと仮定すると矛盾する。したがって、…… である」という背理法のスタイルを取らざるを得ないものがたくさんあるのです。数学の多くの重要な定理が背理法によって証明されるのは、この理由によります。

例 (1) $\sqrt{2}$ は無理数である。

(2) $a \leqq x \leqq b$ で連続な関数 $y=f(x)$ は最大値と最小値を持つ（ワイエルシュトラスの定理）。

(3) 連続関数 $y=f(x)$ において、$f(a)<0$ かつ $f(b)>0$ なら、$f(c)=0$ となる c ($a<c<b$) が少なくとも1つある（中間値の定理）。

(4) 平行線に他の1直線が交わってできる錯角は等

しい。

などの定理はどれもとても基本的で大切ですが、いずれも背理法を使って証明されます。あからさまな場合分けはありませんが、いずれも無限という怪物を直接扱っていることに注意してください。

ところで、例(1)の$\sqrt{2}$の無理数性の証明は中学生でも直感的に扱いますし、高校生は背理法の典型的な例題として学びます。

また、例(2)のワイエルシュトラスの定理や、例(3)の中間値の定理の証明は、大学初年次に背理法を使った証明として出てきます。一方、高校では、これらは直感的に明らかな事実として扱われています。これらの定理の厳密な証明には実数の連続性の正確な定義と理解が必要で、高校生にはそこまでの厳密性は必要ないという教育的な配慮があるのだと思われます。実際、実数の連続性の概念の理解は、数学の技術の理解以上に難しい側面があります。ただ、それが数学の面白さの1つの現れでもあるのです。

背理法による証明の例①――$\sqrt{2}$の無理数性

ところで、多くの高校生に一番馴染みのあるのは例(1)の$\sqrt{2}$の無理数性でしょう。無理数を「分数では表せない数」と決めれば、ここにも無限が顔を見せます。分数で表せないことを有限個の場合分けで示すことはできません。こうして$\sqrt{2}$が無理数であることの証明に背理法が用いられます。典型的な証明を紹介しておきましょう。

$\sqrt{2}$ が無理数であることの証明　背理法による。

$\sqrt{2}$ が有理数（分数）であると仮定し、

$$\sqrt{2} = \frac{a}{b}$$

とする。ただし、a, b は整数である。

ここで、分数 a/b は約分して、既約分数としておく。

両辺を 2 乗して

$$2 = \frac{a^2}{b^2}$$

したがって $2b^2=a^2$ となり、a^2 は偶数である。2 乗して偶数になるのは偶数なので、a も偶数。よって、$a=2c$ とおける。したがって、

$$2b^2 = 4c^2$$

より、$b^2=2c^2$ となり、同じ理由で b も偶数となる。しかし、このとき a/b は 2 で約せて既約分数という仮定に反する。（証明終）

これで背理法による $\sqrt{2}$ の無理数性の証明が終わります。

ところで、多くの高校生がこの証明に違和感を持つようです。それは

「無理数かどうかは、$\sqrt{2}$ についてのとても大きな問題だ。それが、約分できるかどうかという些細な矛盾に還元されてしまっていいのか」

「分数の既約性が崩れて約分できてしまうのなら、もう一度約分すればいいじゃないか」

ということのようです。

じつはもともとのユークリッドの証明では、aが偶数だから既約性よりbは奇数、一方$a=2c$とおくとbは偶数となり、奇数かつ偶数という数はないから矛盾、となっていました。この方が矛盾としては明快です。

では、「約分できるなら約分すればいい」はどうでしょう。

背理法では、もとの問題がどんな大問題であっても、また、出てきた矛盾がどんなに些細なことであっても、矛盾が出てしまえば証明は完成します。それは、矛盾からは何でも証明できてしまうからです。これについては、あとでもう少しお話しします。

背理法による証明の例②――素数の無限性

もう1つ、ぜひ鑑賞してもらいたい背理法を使った定理を紹介します。

定理 素数は無限に存在する。

素数とは、2, 3, 5, 7, … のように、1とその数自身でしかわり切れない数（1を除く）をいいます。この定義から、どんな数でもある素数でわり切れることが分かります。この魅力的な数はだんだんまばらになっていきますが、どんなに大きな素数も存在します。つまり、素数は無限にあります。

これは有名な定理で、ユークリッドの『原論』にその証明の元の形（厳密な背理法ではない）があります。そのエレガントさも十分に鑑賞に値します。

素数の無限性の証明　背理法による。素数が有限個しかないと仮定し、すべての素数を $2, 3, 5, \cdots, p$ とする。これらの数の積を使って、

$$q=2\times3\times5\times\cdots\times p+1$$

という数を作る。q はすべての素数でわり切れない（わると1余る）から、自分自身が素数であるか、あるいは、q 以外の q をわり切る素数が存在することになり、矛盾する。

（証明終）

このエレガントな証明の元の形がいまから2000年以上も前に発見されていたことは、驚嘆すべきことではないでしょうか。

背理法による証明の例③——数学的帰納法の正しさ

では最後に、数学的帰納法が正しいことを背理法を用いて説明してみましょう。

念のため、数学的帰納法をもう一度確認しておきます。

> 数学的帰納法とは、自然数 n についての命題 $P(n)$ が成り立つことを証明するための方法で、次の2つからなる。
>
> (1)　$P(1)$ が成り立つことを証明する。
>
> (2)　$P(k)$ が成り立つと仮定すれば、$P(k+1)$ が成り立つことを証明する。

(1)、(2)が証明できれば、すべての自然数 n について $P(n)$ が成り立つ。

これが数学的帰納法でした。

数学的帰納法が正しいことの証明 背理法による。(1)、(2)が正しいことが証明できたにもかかわらず、すべての自然数 n について $P(n)$ が正しいとは限らないと仮定する。

集合 X を $X=\{n|n$ は $P(n)$ が正しくない自然数$\}$ とする。仮定より、X は空集合ではない。したがって、X の中には最小の自然数 m がある。すなわち、$P(m)$ が正しくないような最小の自然数 m がある。

注） ここがこの証明のもっとも大切な部分です。空でない自然数の集合には必ず最小数が存在します。この性質は整数や実数では成り立たないことがあることを確認してください。たとえば、負の整数の集合には最小数がありませんし、$\{x|a<x<b\}$ という実数の集合にも最小数は存在しません。自然数は、最小数1を持ち、しかも、とびとびの値しか取らないということが重要なのです。

(1)より m は1ではないので $m-1$ も自然数で、$m-1$ は集合 X に入らない。したがって、$P(m-1)$ は正しいが、そうすると、(2)より $P(m)$ も正しいことになり矛盾する。

（証明終）

これで背理法を使った数学的帰納法が正しいことの証明が終わりました。自然数という特殊な数の集まりの持つ性質が十分に使われていることをもう一度確認してください。

注）　本書では仮説論理を、分かっている原因 A と、正しいと考えられる結論 B からその因果関係「A ならば B」を推測する論理と説明してきました。「A ならば B」が証明されれば、A のもとで B は正しいことになります。ところで、仮説論理は最初にアメリカの論理学者パースによってアブダクションという用語で提唱された論理です。アブダクション（abduction）を辞書で調べると、誘拐という訳語が出てきてびっくりしますが、蓋然的三段論法などの訳語もあるようです。パースのアブダクションは、分かっている結果 B と正しいと考えられる推論「A ならば B」から、原因 A を推測するという論理で、本書ではこれを帰納論理と呼びました。アブダクションは広く仮説を検証するための論理で、科学的な発見の手段として自然科学を含むあらゆる知的な分野に欠かせない大切な考え方です。

　このように、パースが提唱したアブダクションと本書で定義した仮説論理とは意味がずれていることにご注意ください。本書では仮説論理を仮定 A と結論 B の結びつきを推理する論理として使いました。仮説演繹論理とした方が明解かも知れません。

第3章

命題と論理記号

前章で、演繹論理、帰納論理、仮説論理という数学で使われる3つの論理を紹介しました。数学には、論理そのものを数学として扱う記号論理学という分野があります。ここでは記号論理学の助けを借りて、これら3つの論理の性格を少し別の角度から考えてみます。

3.1 記号論理学からの注意

記号論理学では真偽の定まった言明を命題といいます。A が正しいことを $A=1$、間違っていることを $A=0$ と数値で表し、これを命題の真理値と呼びます。つまり、命題とは0か1の2つの値しか取らない変数だと考えるのです。このとき、命題のことを命題変数ともいいます。

また、いくつかの命題の間の関係として普通に使われる論理用語を記号化し、それを使って論理を考えます。基本的な論理用語をどう選ぶかは、いろいろな考え方や流儀がありますが、ここでは、次の4つを採用します。

でない　または　かつ　ならば

それぞれの言葉は A, B を命題として

A でない, A または B, A かつ B, A ならば B

という形で使い、これらを複合命題といいます。複合命題は論理用語を記号化して、それぞれ

$$\neg A, \quad A \vee B, \quad A \wedge B, \quad A \to B$$

と書きます。

複合命題が正しいかどうかは、A や B が正しいかどうかによって決まります。複合命題の真偽がその中に含まれる命題の真偽によってどうなるのか、を一覧表にまとめたものを命題の真理表といいます。それぞれの複合命題に対して、その真理表を、その中に含まれる命題変数の値（真偽）によって次のように決めます。

(1) でない

A	$\neg A$
0	1
1	0

これは、A が正しければ $\neg A$ は間違い、A が間違っているなら $\neg A$ は正しいという意味です。これは、私たちが日常的に使う「でない」という言葉の意味と一致します。A＝「松子夫人は犯人だ」が正しいとすれば、$\neg A$＝「松子夫人は犯人ではない」は間違っているわけです。

(2) または

A	B	$A \vee B$
0	0	0
0	1	1
1	0	1
1	1	1

これは、A, B のどちらか一方でも正しければ $A \vee B$ は正しいという意味で、私たちが使っている「または」の意味に合っています。「アンドルー・ヴァンが犯人か、またはクロサックが犯人だ」は、どちらかが犯人か、あるいは共犯であれば正しいのです。

(3) かつ

A	B	$A \wedge B$
0	0	0
0	1	0
1	0	0
1	1	1

これは、A, B が両方とも正しいときだけ $A \wedge B$ は正しいという意味で、これも私たちが使っている「かつ」の意味に一致します。「教授は真犯人で、かつ探偵はグラスをすり替えた」は、両方が正しいときだけ正しい。一方でも間違っているなら、全体として間違いになります。

最後に「ならば(→)」の真理表です。

(4) ならば

A	B	$A \to B$
0	0	1
0	1	1
1	0	0
1	1	1

「ウォーグレイヴ判事の死が偽装ならば、犯人はウォーグレイヴ判事だ」という「ならば」の使い方は私たちの常識の範囲です。一方、「鵜原憲一の死が自殺ならば犯人は室田佐知子だ」という一見非常識な「ならば」の使い方も、鵜原憲一の死が自殺でなく他殺だとすると、A の部分が間違っているので全体として正しいのです。

さて、「ならば」の真理表がこのようになることは、すでに2.6節で説明しました。前提 A が間違っているときは、$A \to B$ はいつでも正しいとするのでした。たしかに、この「ならば」の真理表だけが私たちの常識とは少しずれているような感じがします。しかし、それは個別の命題（A や B）の真偽について私たちが持っている様々な情報が、複合命題としての「ならば」の意味の解釈を邪魔しているという側面があるのです。つまり、鵜原憲一の死が自殺でないことを知っている人にとっては、上の命題が間違っているような気がするのでしょう。

以上の真理表をもとにして、証明の技術である演繹論理、帰納論理、仮説論理についてもう一度考えます。

3.2 トートロジーという名の正しさ

複合命題はその中に含まれている１つ１つの命題の真偽によって、正しくなったり間違いになったりします。それぞれの命題を命題変数ということは前節で述べました。

例 $A \wedge B \to A$ と $A \vee B \to A$ という複合命題について、それぞれの真理表を作ってみましょう。含まれている命題変数が A と B の２つなので、真偽の組み合わせは全部で4通りです。

(1) $A \wedge B \to A$

A	B	$A \wedge B$	$A \wedge B \to A$
0	0	0	1
0	1	0	1
1	0	0	1
1	1	1	1

真理表で見るとおり、命題変数 A, B の真偽がなんであっても、$A \wedge B \to A$ はいつでも正しくなります。

では $A \vee B \to A$ はどうでしょうか。

(2) $A \vee B \to A$

A	B	$A \vee B$	$A \vee B \to A$
0	0	0	1
0	1	1	0
1	0	1	1
1	1	1	1

今度は、A が間違い（$A=0$）で、B が正しい（$B=1$）ときは、$A \vee B \to A$ は正しくなりません。

一般に、ある複合命題が、その中に含まれている命題変数の真偽のいかんにかかわらず、いつでも正しくなるとき、その複合命題をトートロジー（恒真式）といいます。トートロジーとは、内容を問わず形式的にいつでも正しくなるほかはない命題です。たとえば

$$A \vee (\neg A), \qquad A \to A, \qquad A \vee B \to B \vee A$$

などが典型的なトートロジーです。これらを日本語に直して、「A か A でないかのどちらかだ」あるいは「A ならば A である」「A または B ならば B または A だ」と何回か口に出して言ってみてください。どちらも、A や B がどんな命題であれ、またそれらの命題が正しかろうが間違っていようが、複合命題としては正しいほかはないことが納得できると思います。

「アルネッソン助教授は犯人か犯人でないかのどちらか

だ」
「ジャッキーが犯人ならジャッキーは犯人だ」

どちらもまったく当たり前です。
トートロジーを同義語反復ということがあります。ようするに、ただの言いかえに過ぎないということでしょう。しかし、内容の如何にかかわらず形式としていつでも正しいということになれば、トートロジーを「正しさ」の1つの判断基準として採用することができます。すなわち、万人が認める正しさとは、その命題がトートロジーになっていることだと考えられるのです。
以上のことを踏まえて、演繹論理、帰納論理、仮説論理、背理法について次節でもう一度考えてみます。

3.3 演繹論理、帰納論理、仮説論理、背理法再説

(1) 演繹論理

演繹論理とは「A である。A ならば B である。したがって B である」という論理でした。これは論理記号を使って書けば、

$$(A \wedge (A \rightarrow B)) \rightarrow B$$

となります。読んでみれば「(A かつ (A ならば B)) ならば B」で、確かに演繹論理になっています。この複合命題の真理表を作ってみましょう。

A	B	$A \to B$	$A \wedge (A \to B)$	$A \wedge (A \to B) \to B$
0	0	1	0	1
0	1	1	0	1
1	0	0	0	1
1	1	1	1	1

確かにトートロジーになっていることが分かります。つまり、演繹論理は形式的にまったく正しい論理なのです。ただし前に述べたとおり、形式的に正しいとは、同義語反復、つまり当たり前だ、ということにもなります。ですから、演繹論理は「あまり面白くない」という言い方もできてしまうのでした。

これについては、すでにデカルトが『方法序説』のなかで、次のように書いていることも紹介しておきます。

> 「論理学についていえば、その推論式およびその大部分の教則は、自分の知らぬ事を学ぶために有用であるよりも、むしろ自分の知る事を他人に説明するには、あるいはルルスの術のごとく、判断をもちいずに自分の知らぬ事を語るには有用であると気づいた」〔(訳注) ルルスの術——ライムンドゥス・ルルス (Raymundus Lullus)、イスパニア人。十三世紀のスコラ学者、神秘論者。〕
>
> (デカルト『方法序説』落合太郎訳、岩波文庫)

ここでデカルトが言っている論理学とは演繹論理のことです。形式的に正しいということはとても重要なのですが、それは発見の論理というより、説明の論理なのです。

(2) 帰納論理

帰納論理とは「Bである。AならばBである。したがってAである（だろう）」という論理でした。同じように論理記号を使って書けば

$$(B \wedge (A \to B)) \to A$$

ということになります。形式は演繹論理とよく似ていますが、違っている場所に注意してください。では真理表を作ってみましょう。

A	B	$A \to B$	$B \wedge (A \to B)$	$B \wedge (A \to B) \to A$
0	0	1	0	1
0	1	1	1	0
1	0	0	0	1
1	1	1	1	1

見たとおり、これはトートロジーになりません。したがって、帰納論理は形式的に正しい論理ではありません。Aが間違っていて（$A=0$）、Bが正しい（$B=1$）とき、「Bである」と「AならばBである」が同時に正しくても、Aであると結論することはできないのです。しかし、前に説明したとおり、実験を何回も繰り返し、そのたびに同じ結論が得られるなら、Aは正しいだろうということの蓋然（がいぜん）性はだんだんと高くなっていく。それが自然科学の論理です。

前にも説明したとおり、数学的帰納法は帰納法という名

前がついていますが、帰納論理とは別物です。その内容は自然数の持つ数学的な構造にもとづいた演繹論理の一種です。数学的帰納法も論理記号を使ってその形式を表すことができますが、もう少したくさんの記号を必要とするので、ここでは省略します。

(3) 仮説論理

では仮説論理について考えましょう。

仮説論理とは「A である。B である。したがって A ならば B である」という論理です。今度も論理記号で表してみると、

$$A \wedge B \rightarrow (A \rightarrow B)$$

となります。真理表はどうなるでしょうか。

A	B	$A \wedge B$	$A \rightarrow B$	$A \wedge B \rightarrow (A \rightarrow B)$
0	0	0	1	1
0	1	0	1	1
1	0	0	0	1
1	1	1	1	1

今度はトートロジーになることが分かります。したがって仮説論理は、形式的にはまったく非の打ち所のない「正しい論理」なのです。

数学用語の「ならば（→）」は形式的には因果関係を表しませんでした。A は B であることの原因でなくてもよい。A と B がともに正しいなら、$A \rightarrow B$ は正しくなり、したが

って、$A \wedge B \rightarrow (A \rightarrow B)$ は必ず正しくなります。また、A か B の一方が間違っているなら、$A \wedge B$ は間違いになるので、「ならば」の真理表の約束から、$A \wedge B \rightarrow (A \rightarrow B)$ は必ず正しくなります。これが仮説論理の真理表の教えてくれることです。

ここで、もう一度、袋と玉の仮説論理の雛形を思い出してください。

「この袋の中の玉はすべて黒い」
「この玉は黒い」
「したがって、この玉はこの袋から取り出された（に違いない）」

これが仮説論理のモデルでした。しかし、この玉が黒くても、この玉がこの袋から取り出されたとは限りません。具体例で見る限り、現実の仮説論理は正しくない場合もあるのです。では、どうして真理表では形式的な仮説論理がトートロジーになってしまうのでしょうか。

仮説論理とは、前提 A と結論 B を知って、その中間の行為、$A \rightarrow B$ を推理する論理です。ところが、形式的な論理学では上で述べたように、A と B が正しければ、$A \rightarrow B$ はいつでも正しくなります。記号論理学では $\rightarrow$ をそのように決めたのでした。したがって、A は必ずしも B の原因ではないし、時間経過もありません。

しかし、現実問題の仮説論理では、A と B が正しいからといって、A から B を導くプロセスも正しいというわけにはいきません。どうしても A と B の因果関係をはっきりさせる必要があります。つまり、「ならば」という言葉の日常的な意味と数学上の意味の違いが、仮説論理の不思議さを作り出しているのです。

数学の想像力と論理

これで、初等幾何学の論理の面白さの一端が見えてきたのではないでしょうか。普通、初等幾何学では「前提 A のもとで結論 B であることを証明せよ」という形で問題が提出されます。このとき、出題者はすでに B が成り立つこと、つまり B が正しいことを知っています。したがって、$A \to B$ は必ず正しいのです。しかし、解答者に求められていることは、この $A \to B$ という「ならば」のプロセスをもう少しはっきりと、$A \to A_1 \to A_2 \to \cdots \to A_n \to B$ と分解してみせることなのです。

さらに、純粋な数学研究の場合、多くの数学者は帰納論理などにより「A ならば B だろう」という感触を得て $A \to B$ の証明に取りかかります。彼女や彼の頭の中では、A が正しくて B も正しい（だろう）という確信があるので、$A \to B$ は仮説論理として正しい命題になっています。しかし今度も、その中間を演繹論理として細かに示して、数学として具体的に論理の鎖を完成する必要があるのです。

ガリレオ・ガリレイの『新科学対話』の中に、登場人物シムプリチオとサグレドが次のように言葉を交わす箇所があります。

シムプリチオ「実際私は、論理学は推理のすぐれた手引ではありますが、発見への刺激という点からみれば、幾何学に属する鋭い類別力には較べものにならない、ということがやっと分って来ました」

サグレド「論理学は私達に、既に発見され完成された或る論証或いは証明の正しさの吟味法を教えます。しかし正しい論証や証明を発見することを教えるとは信じられません」

（ガリレオ・ガリレイ『新科学対話』今野武雄・日田節次訳、岩波文庫 旧字、旧かなを直してあります）

ここに、科学としての数学の想像力が働く場所があります。B であることを見抜く力、それが数学の想像力です。多くの数学者は、数学者としての経験から B であることをまず確信します。そして、それを証明するために、今度は仮説論理という名前の想像力を駆使して、$A \to B$ の細部を構成していくのです。

(4) 背理法

2.7 節で説明した背理法についても、論理記号を使ってあらためて考えてみましょう。

背理法の例として $\sqrt{2}$ の無理数性を証明したとき、背理法ではどのような些細な矛盾でも証明が完成すると言いました。そのとき、矛盾からは何でも証明できてしまうことをお話ししました。それを記号論理学として考えてみましょう。

矛盾とは、A であると同時に A でないことです。記号で書くと

$$A \wedge (\neg A)$$

ということです。

いま、証明したい事柄（命題）を P としましょう。矛盾からはどんなことでも証明できるとは

$$A \wedge (\neg A) \to P$$

が、P がなんであっても正しくなるということです。

ここで、「ならば（→）」の真偽の決め方から、$A \wedge (\neg A)$ が間違いなら、この複合命題はどのような P についても、いつでも正しいことが分かります。$A \wedge (\neg A)$ は常に間違いですから、この命題 $A \wedge (\neg A) \to P$ は正しい。

ところが、いま、矛盾 $A \wedge (\neg A)$ が出てきている（事実として提示されている）ので、三段論法

$A \wedge (\neg A)$ である。
$A \wedge (\neg A) \to P$ である。
したがって
P である。

が成立し、どのような命題 P でも証明できてしまうのです。

3.4 鳩の巣論法

じつは、高校生が学ぶ数学の証明の技術はそうたくさんはありません。仮説論理と手を繋いだ三段論法による演繹

論理が一番大切ですが、その他には数学的帰納法と背理法があるだけです。

ところで、とてもやさしい、ある意味で当たり前の話なのに、数学に適用されるととても大きな威力を持つ不思議な証明方法があります。鳩の巣論法とかディリクレの引き出し論法と言われている原理です。それを紹介しましょう。

いま、鳩が10羽います。鳩の巣は9個しかありません。すると、鳩がどのように巣に入ろうとも、少なくとも1つの巣には2羽以上の鳩が入っています。逆に言えば、鳩の巣が9個しかなく、鳩が10羽いるなら、2羽以上の鳩が入っている巣が少なくとも1つはあるということです。これを鳩の巣論法と言います。

引き出しが3個あり、入れるものが4個あるなら、どれかの引き出しには2個以上のものが入っていると言っても同じことなので、引き出し論法とも言います。

〈図3.1〉鳩の巣論法（引き出し論法）

鳩の巣論法はまったく当たり前に思えます。箱がn個しかないのに、入れる玉が$n+1$個以上あるならどれかの箱には2個以上の玉が入っているということで、証明という程のこともありません。鳩の巣論法の説明は次の通りです。

鳩の巣論法の説明

箱を

$$a_1, a_2, a_3, \cdots, a_n$$

玉を

$$b_1, b_2, b_3, \cdots, b_n, b_{n+1}$$

とします。

なるべく平等に、2個以上入らないように入れようとします。まず、すべての箱に1個ずつ入れます。ところが玉は $n+1$ 個あるので、全部の箱に1個ずつ入れたとしても、玉は1個余ってしまいます。余った1個はどれかの箱に入れなければならないので、その箱には2個の玉が入ることになります。

あるいは、背理法を使えば次のような説明もできます。

いま2個以上の玉が入っている箱が1個もないとする。すると、玉は最大でも n 個しかないことになり、玉が $n+1$ 個以上あることに反する。

これが説明ですが、当たり前のように思えます。こんな当たり前の鳩の巣論法が何の役に立つというのでしょうか。

鳩の巣論法の応用

最初にこんな例を考えてみましょう。

例 5色の靴下が1つの引き出しにたくさん入っている。暗闇の中で靴下を取り出して、左右の色がそろったものをはきたい。最低何枚の靴下を取り出せば、色のそろった靴下をはくことができるか。

もっとも、最近の若い人は右と左で違う色の靴下をはくことがおしゃれだと思っているようで、そんな色違いの靴下をはいている若者を見ることがあります。だったら、2枚取り出せばよい！ ということになりそうですが、いまはそのおしゃれはなしにしましょう。

この場合、色が巣箱で靴下が鳩です。色が5色あるので、5枚の靴下を取り出すと、すべての色が違っている可能性がありますが、6枚の靴下を取り出せば、鳩の巣論法より、どこかの色（どれかの箱）には2枚の靴下があることになります。結局、暗闇でも6枚の靴下を取り出せば、必ず色のそろった靴下をはくことができます。

ただし、ある特定の色の靴下を取り出したいとなると、残念ながら鳩の巣論法が働きません。鳩の巣論法で、どれかの巣箱には少なくとも2羽の鳩がいることは分かりますが、それがどの巣箱かは特定できないのです。

もう少し数学的な例を紹介しましょう。

例題 n個の正整数を$a_1, a_2, a_3, \cdots, a_n$とする。このとき連続したいくつかの$a_i$の和、

$$a_k + a_{k+1} + \cdots + a_p$$

の中にはnでわり切れるものが必ずある。

ちょっと試してみましょう。
10個の数を

2, 5, 8, 13, 25, 7, 7, 8, 9, 17

とします。このとき、$2+5+8+13+25+7=60$ で連続した6個の数の和が10でわり切れます。

この程度ならすべてを調べれば分かりますが、これが1257個の数の中で連続したいくつかの数の和が1257でわり切れるかどうか、などというのは手仕事では確認できないでしょう。しかし、鳩の巣論法を使うと、エレガントに証明できます。

解　最初から順番にとった和を

$$S_1 = a_1,\quad S_2 = a_1+a_2,\quad S_3 = a_1+a_2+a_3, \cdots,$$
$$S_n = a_1+a_2+a_3+\cdots+a_n$$

とする。

S_1 から S_n までの中に n でわり切れるものがあれば証明は終わる。

そこで、S_1 から S_n までの中には n でわり切れるものがないとする。したがって、これらを n で割った余りは $1, 2, 3, \cdots, n-1$ のどれかである。

この余りを $n-1$ 個の箱とし、その中に n 個の玉、$S_1, S_2, S_3, \cdots, S_n$ を n で割った余りに従って入れていく。

よって、鳩の巣論法により、箱は $n-1$ 個、玉は n 個だから、どれかの箱には2つの S_m, S_l $(m<l)$ が入る。すなわち、S_m と S_l を n で割った余りは等しい。ゆえに、S_l-S_m

は n でわり切れる。ところが

$$S_l - S_m = a_{m+1} + a_{m+2} + \cdots + a_l$$

だから、連続した $l-m$ 個の数の和で n でわり切れるものがある。　　　　　　　　　　　　　　　　　　（証明終）

これが、典型的な鳩の巣論法を使った証明です。当たり前のように見えた原理が、数学の問題に見事に応用されている様子を鑑賞してください。

さて、ここまでは、論理や証明とはどういうものかを一般的に考えてきました。以下の章ではもう少し具体的な証明の例を取り上げて、その面白さ、不思議さを鑑賞しましょう。音楽や美術の場合と同じで、数学でも、多くのすぐれた証明を鑑賞することはとても豊かな数学的経験になります。

もちろん、数学の問題を独力で解決し証明を考えることはとても大切です。いままでの考え方にとらわれない、エレガントでユニークな発想が証明を導く。これがおそらく多くの数学者の方法でしょう。しかし私たちはいつでもそのような発想を持てるわけではありません。数学も経験から学ぶことはとても大切なことです。そのとき、できる限り本物に接すること。本物を鑑賞することで本物を見る力を養い、その中から自分の発想法を培っていくこと。これも数学を学び楽しむ道の１つです。

第4章

算数の中の証明をもう一度

前にも述べたように、普通は算数では証明という言葉は出てきません。「証明しなさい」という問題もありません。しかし、計算も証明の１つの方法だということは1.4節で述べたとおりです。ですから、典型的な算数の問題でも、「計算しなさい」ではなく「証明しなさい」と言いかえることは可能です。小学生には証明という言葉が難しいとすれば、「説明しなさい」でも内容は変わりません。算数の場合、「説明しなさい」とは理由を述べなさいということで、証明と変わらないのです。

4.1 計算も1つの証明

計算も証明の１つだということをもう少し詳しく説明しましょう。

多くの人は、計算といえば自然数の四則演算や分数計算をまず考えると思います。もちろん自然数の計算がもっとも基礎的で大切であることは間違いありません。1+1=2などという簡単な計算から始めて、子どもたちは順番に、17+28=45のような繰り上がりのあるたし算、子どもたちにとってはとても難しい繰り下がりのあるひき算、そして自然数のかけ算、わり算などを経て、分数や小数の計算に進んでいきます。
6年生の最後には

$$\frac{2}{5} \div \frac{3}{4} = \frac{8}{15}$$

などという分数のわり算を学びます。分数のわり算がなぜ分子と分母をひっくり返してかければいいのか、というのは小学校算数のもっとも大切で難しい学習の1つです。わり算に限らず、分数の四則演算の方法を修得することは小学校算数（数学）のもっとも大切な内容です。分数のわり算については、ひっくり返してかけることの説明はいくつかありますが、ここではその説明は省略します。
ただ、計算が、約束にしたがって数字という記号を変形していく方法だという側面を持っていることを確認しておきましょう。計算には意味があります。その意味を理解することが、計算とはなにかを知るうえで大切なステップなのです。これを形式という視点で見ると、計算とは記号の変形規則の適用なのです。
小学生は最初に数字という記号を学び、「ひとつ」という概念が記号1で表されること、一般に「多さ」という概念が数字という記号で表されることを学びます。それらは一列に並んだ記号列 $\{1, 2, 3, \cdots, n, \cdots\}$ で表され、やがてこの記号の列には終わりがないことを知ります。これが、子どもたちが初めて出会う一番原始的な無限の姿にほかなりません。
続いて「たす」という概念を学び、その操作が $+$ という記号で表されることを学びます。また、$1+1$ という記号列があれば、それを記号 = と結んで2という記号で置きかえていいことを学びます。このとき、記号列の並べ方には一定の規則があり、1+1=2や2=1+1は許されるが、11+=2とか+112=などは間違った記号の並べ方だということを知ります（もっとも、記号の並べ方にはいくつかの流儀があり、1+1=2を別の形式で表す方法もありますが、ここでは扱いません）。1+1=2という式は一番簡単な記号の変形規則です。

小学校上級になると、分数の変形規則も出てきます。これには通分や約分などの変形も加わり、子どもたちにとっては、大変難しい規則でしょう。

文字という記号

中学校になると、文字式が登場します。文字を使うことで扱える概念はとても増えますし、文字を使わなければ例示でしか表すことができない概念もたくさんあります。

たとえば、数字の変形規則では、2+3=3+2, 2×3=3×2のように数をたしたり、かけたりする順序を交換することができます。これをたし算やかけ算の交換法則といいますが、文字が使えないと、交換法則の説明は例示をするほかありません。つまり、

> 2+3=3+2のように、数をたす順序はひっくり返すことができます。

と、具体例を子どもたちに提示するほかありません。

しかし、文字を使えば

数のたし算では

$$a+b=b+a$$

が成り立つ。これをたし算の交換法則という。

として、例ではなく一般規則を示すことができます。数学が嫌いな人の中には文字の使用を嫌がる人もいるようですが、それはもったいない。文字を使用することで、数学はとても見通しがよくなるのです。

文字式の計算も証明の一種

さて、計算とは記号の変形規則であるとすれば、数学で使う記号は数字だけではないので、文字を含んだ記号を約束にしたがって変形していく過程はすべて計算であるということになります。

中学生が学ぶ文字式の計算、たとえば2次方程式の解の公式を導く計算を見てみると、

$$\begin{aligned} ax^2+bx+c &= a\left(x^2+\frac{b}{a}x\right)+c \\ &= a\left(x+\frac{b}{2a}\right)^2-\frac{b^2}{4a}+c \\ &= a\left(x+\frac{b}{2a}\right)^2-\frac{b^2-4ac}{4a} \end{aligned}$$

という変形をします。これは、「平方完成」と呼ばれている文字式の変形技術です。平方完成を用いると、2次方程式

$$ax^2+bx+c=0$$

の解は、

$$a\left(x+\frac{b}{2a}\right)^2-\frac{b^2-4ac}{4a}=0$$

の解となります。これを解けば

$$x=\frac{-b\pm\sqrt{b^2-4ac}}{2a}$$

という2次方程式の解の公式が得られます。

結局、中学生が学ぶ平方完成という2次式の変形技術は、2次方程式の解の公式を導く一種の証明なのです。

あるいは、高校生が結構苦しむ因数分解の問題も計算問題の一種ですが、式の変形が機械的にはできないという意味で、ある種の証明問題です。たとえば

$x(y^2-z^2)+y(z^2-x^2)+z(x^2-y^2)$ を因数分解せよ

などという問題は、答えが $(y-z)(z-x)(x-y)$ と分かっていても手こずるかもしれません。

プロセスの重要性

こう考えると、小学生が計算で求めている答えは、すべてある種の証明ともいえることが分かります。数学では、成り立つ理由が分かることは必ず理由を明記してきました。それが証明という名前の数学発行の品質保証書です。したがって、答えが計算で求まるものについては、計算そのものが品質保証書になっています。

多くの数学者が、マークシート方式で答えだけを塗りつぶす解答を批判しているのはそのためです。数学は解答のプロセス、途中経過を大切にします。それは、計算の途中

経過が求めた答えの正しさを保証する「証明」になっているからにほかなりません。「答えの数値があっているのだからそれでいい。途中経過の説明など求めるから、算数・数学嫌いができるのだ」という意味の数学教育論もあるようですが、私はそう は考えません。ステップを踏んで、次第次第に難しい説明もできるようになっていくことに、数学の面白さがあると思います。

このように、算数の中にも計算という形をとって、証明が入っているのです。

4.2 算数の中の証明

そうはいっても、純粋な計算問題はなかなか証明とは思えないかもしれません。ここでは、算数の中の証明をいくつか鑑賞しましょう。

速さの問題

第1章で同じような問題を例として出しました。

> **例** 時速108 kmで走っている電車があります。電車の長さは90 mです。あるトンネルを抜けるのにちょうど25秒かかりました。トンネルの長さが660 mであることを説明しなさい。
>
> (『たのしい算数　6年上』大日本図書　改変)

元の問題では、トンネルの長さは何mでしょう、として出題されていましたが、ここではトンネルの長さは分かっていて、与えられたほかの情報からトンネルの長さを求める方法の説明、つまり証明を求める問題に変えてあります。

この問題では、無理に「説明しなさい」とすると不自然になるかもしれませんが、次の問題だとどうでしょうか。

> **例** 太郎君と二郎君が100 m競走をしました。太郎君がゴールしたとき、二郎君は太郎君より10 m遅れていました。太郎君がスタート地点を10 m後ろにずらすと、2人は同時にゴールすることができるでしょうか。理由をつけて説明しなさい。

ゴール時点で10 mの差がついたのだから、10 mのハンデをつければ2人は同時にゴールできるだろうと考えることはごく自然で、実際にこの問題を出題したとき、そう答えた人はたくさんいました。

この問題の不思議なところは、二郎君は10 m遅れたのだから、太郎君のスタートを10 m後ろにずらせば同時にゴールする、という考えが間違っているという点です。

〈図4.1〉太郎君と二郎君の競走

スタート地点を10mずらすのではだめなわけは、次のように考えると分かります。細かい計算をしなくても、2人が同時にゴールできない理由が分かることを鑑賞してください。

太郎君が10m後ろからスタートすると、ゴール前10mの地点で太郎君は100m、二郎君は90m走ったことになり並びます。ですからゴールの10m手前からは、同じ地点からの競走となり、太郎君の方が速いので、結局、太郎君がタッチの差で勝つことになるのです。

証明とは理由を説明することでした。その視点で見れば、これは立派な証明ということができます。

では、2人が同時にゴールするようなハンデをつけるためには、太郎君のスタート位置を何mずらせばいいのでしょうか。今度は感覚だけでは結論が出ません。ここでは「速さ、速度とはどういう量か」についてのきちんとした理解と議論が必要なのです。速さとはどういうことか、というのは意味の問題です。機械的に「移動した距離をかかった時間でわると速さになる」と覚えてしまうことは、速さの理解にはなっていないと思います。ここには、わり算の意味や1あたり量の理解という大切な視点があるのです。ですから次の証明は先ほどの説明からは一歩進んでいます。

一歩進んだ証明

ところで、この問題では2人が走った時間が明記されていません。それがこの問題を難しくしているのですが、仮に走った時間をt秒としてみます。さらに、太郎君の速さ

を x、二郎君の速さを y とします（単位はどちらも m/秒）。2人は同じ t 秒間にそれぞれ 100 m と 90 m だけ走ったのですから、

$$xt = 100, \qquad yt = 90$$

となります。

ですから、2人の速さの比は

$$x : y = 100/t : 90/t = 100 : 90$$

で、二郎君が1 m 走る間に、太郎君が走る距離は

$$100 \div 90 = 1.11111\cdots$$

でだいたい 1.11 m です。つまり、二郎君が 100 m 走る間に、太郎君は

$$1.11 \times 100 = 111$$

でだいたい 111 m 走ることになります。ですから、太郎君のスタート地点を 11 m くらい後ろにずらすと、2人はほぼ同時にゴールします。

小学生の段階では文字を使わないので、二郎君が 90 m 走る間に太郎君は 100 m 走った。だから二郎君が1 m 走る間に太郎君は 100/90 m 走ることになると考えて、

$$100 \div 90 = 1.11111\cdots$$

という計算をすることになるでしょう。

大切なことは、時間が一定なら、移動距離の比が速さの比になることの理解で、もっと基本的には

速さ ＝ 距離÷時間、あるいは、距離 ＝ 速さ×時間

という関係を理解していることです。速さとは、単位時間当たりの移動距離、いわゆる「1あたり量（内包量）」です。この内包量を理解することが小学校算数の一番大切な基盤の1つだと思います。

注）　ちょっと注意をしておくと、この問題では、2人の走る速さはいつでも（スタート直後でもゴール直前でも）一定と仮定しています。この仮定は現実には成り立たないと思われますが、数学の問題は、このようなある種の理想化のもとで解くことも多い。それは、数学の扱う現実が現実の理想化されたモデルだからです。ここにも数学という学問の抽象的な性格が現れています。時々刻々と変わる速さという考え方は、極限内包量として微分積分学が扱うもっとも大切な概念に成長していきます。

さて、この問題はいわゆる文章題ですが、計算をするだけではなく、どのように考えるかがとても大切です。そのため、このようにトンネルの長さなどの答えを与えたとしても、立派に問題として成立しています。これなどは算数の証明問題だといってもいいでしょう。

九九表の中の謎

では次の例を見てください。

例　かけ算の九九表で、9の段のかけ算を考えます。9の段のかけ算で答えの10の位と1の位の数をたすとどうなりますか。

調べてみると、表4.1のように、9の段の九九では、10の位と1の位の数をたすと9になっています。なぜでしょうか。

9の段のかけ算	10の位と1の位の和
9×1=9	0+9=9
9×2=18	1+8=9
9×3=27	2+7=9
⋮	⋮
9×8=72	7+2=9
9×9=81	8+1=9

〈表4.1〉9の段の謎

ここには、簡単ではありますが、ある種の謎があります。数学の証明の面白さとはなにか、という問いに対する答えはたくさんあると思いますが、その1つが謎解きの面白さです。どうしてそうなるのだろうか、不思議だなあという感覚が、人を証明に向かわせる原動力の1つなのです。なぜだろうと考えること、それが最初の一歩です。広くいえば、自然の中に存在する謎に対する“不思議感覚”が、いわゆる自然科学を発展させてきた最大の原動力だったに違いありません。先ほどの太郎君と二郎君の競走の問題も、少しだけですが、“不思議感覚”があったと思います。

では上記の9の段の謎を考えてみましょう。これは小学生のみならず、普通の大人でも、現象そのものはよく分かるけれど、理由を問われると結構難しいと思います。うまく説明できるでしょうか。

9の段の謎解き

9の段のかけ算では9に1から9までの数をかけます(当たり前ですね!)。ところが、9の段の九九は唱えるのが意外に難しい。じつは9の段のかけ算は、1×9, 2×9, 3×9, … のように、ある数に9をかける方が唱えやすい。たぶん日本語の発音の特質なのでしょうか。数のかけ算では、かける順序を変えても結果は同じです。ここは唱え方の問題ではないので、普通に9の段の九九を使いましょう。

9にある数をかけるのは、その数を10倍してからその数をひけばいいのです。

7を例にとって説明します。9×7なら10×7−7です。10をかけるとかけすぎなので、1つ分の7をひいておくのです。

ところが、このひき算は10×7の1の位が0なので必ず繰り下がります。つまり、10の位から10借りてきて、10から7をひくことになります。この答えの3が1の位の数です。ですから、この3と7をたすと必ず10になります。ところが、答えの10の位の数7は繰り下がりで10貸してしまったので、1少なくなって6になっています。

ですから、10×7−7=10×6+(10−7)の10の位の6と1の位の3(=10−7)をたすと6+3で9になります。

算数では文字の使用ができないので、例をあげて説明するほかないようです。文字を使えばもう少しすっきりと説明できます。

9の段のかけ算を$9\times a$と表すことにしましょう。ただし、aは1桁の数（$1, 2, \cdots, 9$）です。$9\times a$について、上で9×7について示したのと同じ変形をしてみると

$$9\times a = 10a - a = 10(a-1) + (10-a)$$

となります。右辺は繰り下がりのひき算を表し、9×7の例で$10\times 6+(10-7)$とした部分に相当します。

この変形から、9の段のかけ算（$9\times a$）の結果は、10の位が$(a-1)$、1の位が$(10-a)$となることが分かりました。では、10の位の数と1の位の数をたしてみると

$$(a-1) + (10-a) = 9$$

となります。つまり、aの値によらず、9の段のかけ算の答えの10の位と1の位をたすと9になるのです。

いまの場合、9の段の九九をすべて書き出して、その10の位と1の位の和を調べれば、それがすべて9になっている事実は確認できます。ですから事実としては正しい。しかし、それでは「どうしてそうなるの？」という“不思議感覚”を満足させることはできません。証明の大切な役割の1つは、“不思議感覚”を満足させることだと思います。

ここでは“不思議感覚”を満足させるほかに、もう1つ副産物がありました。それは、前にも述べたとおり、文字の使用は数学の見通しをとても良くするということです。数学は一般的な、抽象的な概念を扱う学問です。そのためには具体的な例ではなく、概念そのものを表す必要がありました。概念を日本語の文章として表現することはでき

る。しかし、たいていの場合、日本語による表現は冗長で複雑になってしまいます。概念を簡潔に表すためには文字記号の使用が不可欠だったのです。

9の段のかけ算をすべて書き表すのではなく、一般的に $9\times a$ と書くというのは文字の使用の簡単な例です。これが、具体的な計算としての九九ではなく、「9の段のかけ算」という概念を表していることが大切なのです。

現在日本では算数の中で積極的に文字を使うことをしませんが、小学校高学年になれば、□や☆ではなく、きちんと文字を使うこともできるのではないでしょうか。

植木算という名の定理

では、別の例を紹介します。これは、2.4節で数学的帰納法の幾何学への応用例として説明した「オイラー・ポアンカレの定理」の算数バージョンです。ツリーでは、頂点の個数が辺の本数より1つ多かったことを思い出してください。

> **例** 長さ500 mの道に10 m間隔で木を植えました。道の両端には必ず木を植え、木と木の間にはベンチを置きます。木の本数とベンチの数を求めてください。
>
> 道の長さをいろいろと変えたとき、木の本数とベンチの数の間にはどのような関係があるか説明してください。

これは植木算と呼ばれている問題です。普通は次のように計算します。

答

500÷10 ＝ 50　　50＋1 ＝ 51

木は 51 本でベンチは 50 脚

ベンチが 50 脚になるのは単純なわり算で分かるのですが、木の本数を求める際に 1 をたすのがポイントです。なぜ 1 をたすのか説明してください、というのがあとの質問の本質的な内容です。この場合も証明という言葉は出てきませんが、求められているのは一種の証明と言っていいでしょう。答えが求まることより、考え方の途中経過を説明できることが求められています。

ベンチは木と木の間に置くので、その数は 500 m を 10 m の等間隔に分けることで求まります。ですから、具体的な計算は 500÷10 になります。では、木の数の場合はどうして 1 をたすのでしょうか。それは、道には端があるからです。木の場合は、等間隔に分けた間の数ではなく、両端の数を問題にしているので、1 をたすのです。これをもう少しうまく説明できないでしょうか。

図 4.2 のように、端の木とベンチを 1 つずつペアにしてみましょう。端から順に（木、ベンチ）というペアを作っ

〈図 4.2〉植木算

ていきます。すると、最後の木だけはペアになるベンチがありません。したがって、ベンチの数に比べて木の数の方が１つだけ多いことになります。このように、考えているもの同士の間にペアを作るというアイデアを１対１対応と言います。

これはとても応用範囲の広い考え方です。同じように考えれば、図 4.3 の池の周囲のような一回りの道では、端がないので、木とベンチはすべて一組ずつのペアになり、木の数とベンチの数は同じになります。

〈図 4.3〉池の周囲の植木算

さらに、図 4.4 のように道路が枝分かれしていても、一回りの道がなく、分かれ道の交差点には必ず木を植えることにすれば、同じように木とベンチをペアにすることで、木が１本余り、木の数がベンチの数より１つだけ多いこと

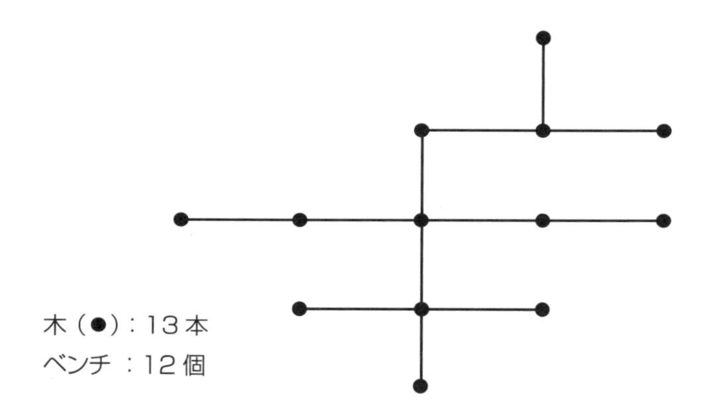

〈図 4.4〉枝分かれした道路の植木算

が分かります。これがツリーの場合のオイラー・ポアンカレの定理なのでした。

大切なことは、木とベンチの対応関係なのです。1本の木に1つのベンチを対応させるとき、ベンチを使い切ってしまい木が余る場合がある。

この1次元のオイラー・ポアンカレの定理の考え方は、位相幾何学（トポロジー）という現代幾何学の中で発展的に展開され、高次元のオイラー・ポアンカレの定理という見事な定理を生むことになりました。このように、算数の中にも現代的なアイデアによる証明が潜んでいるのです。

第5章

証明の花形
――初等幾何学の証明

5.1 図形教育の難しさと幾何の証明の面白さ

図形、形についての教育は数学教育の中でも難しい分野です。何をどう教えるのかがはっきりしているようではっきりしていない。小学校では形の名前とその基本的な性質を学びます。

かつて、作家安部公房はこんな意味のことを言ったことがあります。

円とはなにか。「円とは丸いものである」では何も言ったことにならない。では楕円は丸くないか。

たしかに円は丸い。しかし安部公房も言うとおり、楕円だって見方によっては丸い。そこで小学生は円のことをまん丸と言ったりします。まん丸という言葉は円の丸さがどこでも同じだ、という感覚をうまく表しています。楕円も丸いけれど、その丸さが同じではなく、楕円のどの点で丸さを考えるかによって違ってきます。ですから楕円はまん丸でない！

しかし、それは円と楕円の丸さの違いの感覚的な理解の表現であって、概念的な理解ではありません。

誤解がないように断っておくと、数学でも感覚的な理解はとても大切です。数学が数学的な感性を土台にしているということはあまり理解されていないのかもしれません。しかし、実際は数学でも、概念や数式に対するイメージ、感覚的な理解が、その数学が分かるためのとても大切な要素なのです。いまの場合、円と楕円では丸さが違っているという感覚です。しかし、感覚だけで数学を展開するわけにはいかない。これが数学のもう１つの側面です。

数学を数学として展開するためには、感覚的、イメージ的に摑んでいた数学の対象を概念的、形式的かつ論理的に捉え直すことが必要です。そのために、定義があり、証明があるのです。ここに数学という学問の大きな特徴の１つがあります。

概念、形式、論理、この三位一体が数学の大きな柱です。たぶんこれが「数学って本当に面白いな」という数学好きな人を育てると同時に、「数学って本当に嫌だ」という人も生んでいると思います。なじめる人には徹底して面白いが、なじめない人にはまったくなじめない。しかし、なじめない人は往々にして、イメージのつかまえ方をうまく修得していないことがあります。そのためにも、この三位一体の背後にある数学的な感性を育むことの大切さを強調しておきたいと思います。

さて、円の例でいえば、「円とはまん丸のことだ」という理解から、「円とはある点（中心）から一定の距離（半径）にある点の集まりだ」という理解への移行が重要になってきます。まん丸な形というだけでは証明の手がかりになりません。それは「まん丸」が直感的、イメージ的な表現だからです。しかし、「ある点からの距離が一定の点の全体が円だ」という構造的な理解からは、中心や半径や直径という概念が導き出され、半径が一定であるということは、円の性質の証明の基礎になります。こうして証明を導入することができるようになるのです。

証明とは、感覚で掴んでいる事柄を論理の道筋にのせる作業で、そこに記号化や概念化の重要性があるということを、もう一度確認しておきましょう。

ところで、初等幾何学の証明問題は多くのファンを持っています。著名な科学者の中にも、少年少女時代に学んだ幾何学の証明の面白さを語る人が大勢います。ノーベル化学賞受賞者の故・福井謙一もその一人でしたし、フィールズ賞受賞者の故・小平邦彦には『幾何のおもしろさ』(岩波書店)というタイトルの著書もあります。初等幾何学の証明問題はなぜ多くのファンを持つのでしょうか。

5.2 仮説論理再説——初等幾何学の面白さとは

第2章で論理のお話をしたとき、演繹、帰納につぐ第3の論理として仮説論理を紹介しました。仮説論理とは、「Aである、Bである、したがってAならばBである」という論理でした。この論理は普通に考えると間違いを含んでいる、つまり、AがBの原因とはいえないことがありました。一方で、記号論理として見ると、AならばBは原因と結果という意味を持たないために、形式的には常に正しいトートロジーであることも第3章で紹介しました。この仮説論理が証明の面白さの中核をなす論理であることも、そこでお話ししました。

仮定 A が正しくて結論 B が正しい場合、$A \to B$ は形式的にいつでも正しくなります。ですから証明問題の場合、$A \to B$ が正しいことは間違いありません。

問題は、この $A \to B$ の間をもう少し精緻な、誰でもが納得できる論理の鎖で繋ぐことにあります。これがいままでに何度も説明した、証明とは論理的な説明の方法であるということです。それが典型的に現れているのが、初等幾何学の証明問題にほかなりません。論理の鎖をたどるために、目に見えない補助線を見つけ、隠された証拠を探し、それを手がかりに結論までをたどっていく。これは、トリックを暴き、アリバイを崩し、さまざまな手がかりをもとに犯人を追いつめていく本格探偵小説の骨格と同じです。

初等幾何学の証明の面白さとは、仮説論理で仮定と結論を結ぶミッシングリンクを探す面白さです。その面白さとは、本格探偵小説の犯人当ての面白さと同質のものだと思うのです。

初等幾何学のミッシングリンクとは、端的にいって補助線の発見にほかなりません。当初の問題では隠されている補助線を探し出し、それを引くことによって、隠された事実の相互関係を明らかにし、結論に至る道筋を発見する。

こうしてみると、初等幾何学が多くのファンを持っている理由がよく分かります。初等幾何学は探偵小説です。補助線を引くことは、犯人が仕掛けたトリックを見破り、アリバイを崩していくことです。幾何学者の故・寺阪英孝の名作『初等幾何学』(岩波書店)が、ある書評で「一編の推理小説を読む面白さ」と評されたのもうなずけます。数学ファンでミステリファンなら、この本を上質の探偵小説として読むことができるのです。また、数学ミステリ「位相的殺人事件」(『数理科学』1965年7月号）を書いている著名な数学者もいます。

寺阪英孝の『初等幾何学』は底角定理についての疑問から始まります。「2等辺三角形の両底角は等しい」という定理を底角定理といいます。これは、定理とは何か、証明とは何かを学び始める中学生が初めて出会う定理です。中学生が初めて学ぶ定理なのですから、証明などもとてもやさしいはずなのですが、この定理の中には大きな秘密が隠されていたのです。それがこの本の中でどのように提示され、どのように証明されていくのか、興味のある方はぜひ『初等幾何学』を読んでください。

底角定理については5.9節でもう少し考察します。

5.3 江戸川乱歩の幾何学問題

さて、多くの名作探偵小説がそうであるように、初等幾何学の名作問題の中にも、とても良くできたトリックが隠されています。

江戸川乱歩は探偵小説「兇器」(講談社版『江戸川乱歩全集11』1970年）の中で、幾何学の問題を引用して、探偵小説のミスディレクションについて説明しています。もっともこの問題は幾何学の名作問題というよりある種の引っかけ問題ですが、そのトリックが探偵小説作家の琴線に触れるらしく、海外ではクレイトン・ロースンというミステリ

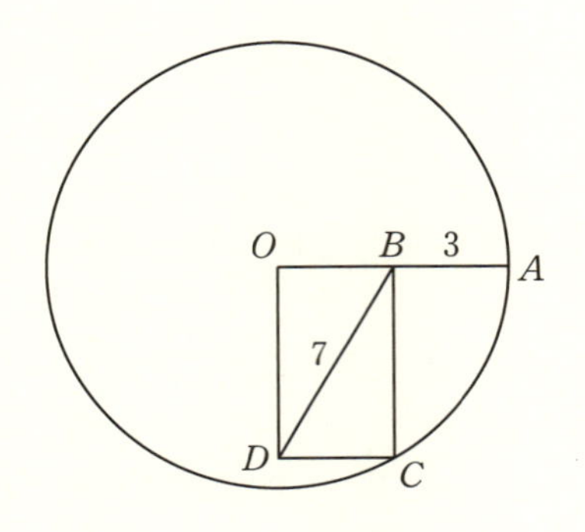

〈図 5.1〉江戸川乱歩の問題

作家が乱歩より早く、1938 年に発表した『帽子から飛び出した死』（中村能三訳、ハヤカワ・ミステリ文庫）という探偵小説の中で同じ問題を引用しています。

　では、しばし、江戸川乱歩をお楽しみください。

　明智はニコニコ笑っていた。

（中略）

「君に面白い謎の問題を出すよ。さあ、これだ」

「いいね。O は円の中心だ。OA はこの円の半径だね。OA 上の B 点から垂直線を下して円周にまじわった点が C だ。また、O から垂直線を下して $OBCD$ という直角四辺形を作る。この図形の中で長さのわかっているのは AB が三インチ、BD の斜線が七インチという二つだけだ。そこで、この円の直径は何インチかという問題だ。三十秒で答えてくれたまえ」

　庄司巡査部長は面くらった。昔、中学校で幾何を習ったことはあるが、もうすっかり忘れている。
（中略）
「庄司君、君は今度の事件でも、この AB 線にこだわっているんだよ。ずるい犯人はいつも AB 線を用意している。（後略）」
（江戸川乱歩「兇器」、『江戸川乱歩全集 11』講談社）

これは探偵小説の問題ですから、解く人の思考をそっぽの方に向けるべく、いわば偽の手がかりである $AB=3$ が用意されていたのです。しばらくは図 5.1 を眺めて、庄司巡査部長と一緒に悩んでください。

この問題に解答をつけるのはどうも野暮なので、あえて解答はつけません。解答を見つけて、「なんだ、そうだったのか！　なるほど、乱歩がミスディレクションとしてこの問題が好きだったのがよく分かる」と騙される快感を味わってください。

5.4 補助線を考える

さて、初等幾何学の証明の面白さが仮説論理にあり、幾何学の証明問題の場合は補助線をどうやって発見するかという面白さだといいました。ここで、補助線について少し考えてみましょう。

透明な線の可視化

補助線とは、その線を引くことで図形の中に隠されていた図形相互の関係が露（あらわ）になり、論理の道筋をたどれるようになる線です。補助線には簡単なものから難しいものまで、いろいろなものがあります。

補助線のなかで一番簡単なものは、図の中に現れている2点を結ぶ線です。この線は図には現れていないものの、両端の2点が明示されているので、いわば透明な線としてすでに図の中に存在しているのです。補助線を引くとは、その透明な線を目に見えるようにすることです。例をあげましょう。

例題 平行四辺形 $ABCD$ の辺 BC の中点を M とする。対角線 BD と AM の交点を E とするとき、E は対角線 BD を 3 等分する。

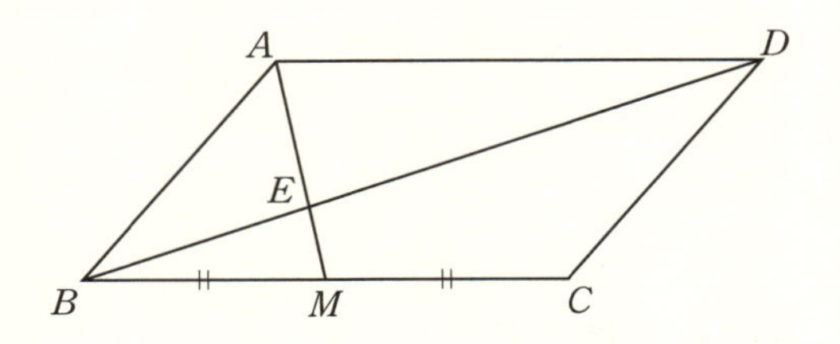

〈図 5.2〉 補助線を引くと見通しがよくなる例(補助線を引く前)

この問題は中学校の教科書にも登場する面白い問題です。難問ではありませんが、3 等分ということが問題を少し考えにくくしています。角でも線分でも、2 等分、4 等分は簡単なのですが、3 等分というのは普段あまり使わないので、そのぶん難しいのだと思います。

うまい補助線が見つかるでしょうか。教科書では「点 E

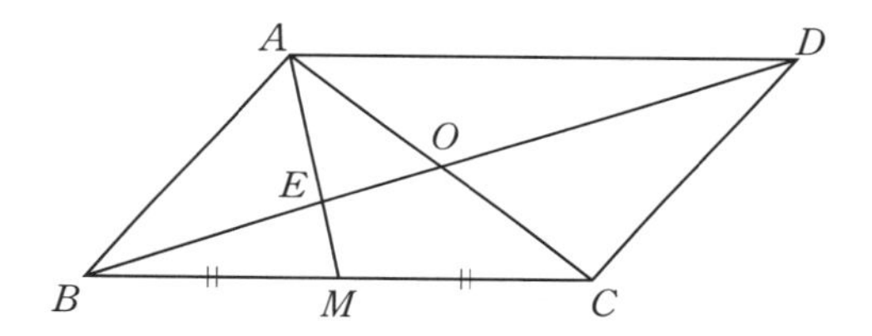

〈図5.3〉補助線を引くと見通しがよくなる例(補助線を引いた後)

が $\triangle ABC$ の重心であることを証明しなさい」という小問がついていることがあります。小問がある場合は、補助線 AC を引くことが指示されているといっていいでしょう。

平行四辺形 $ABCD$ の対角線の交点を O とします。

平行四辺形の対角線は互いに他を2等分しますから、E は $\triangle ABC$ の2本の中線の交点となり、したがって E は $\triangle ABC$ の重心になります。重心は中線を2:1に分けるので、BE は BO の2/3です。BD は BO の2倍なので、BE は BD の1/3となります。

この補助線は最初から図の中にある2点 A, C を結ぶもので、この線分 AC は引いていないだけでそこに存在する透明な線です。補助線はその透明な線を目に見えるようにしただけでした。

平行線の代役

図の中に明示的には現れない2点を結ぶ補助線を引くのは少し難しくなります。同じく中学校の教材からそのような補助線の例をあげましょう。次の中点連結定理は演繹論理の説明で紹介した定理ですが、ここで補助線の引き方も含めて証明を紹介します。

例題(中点連結定理) $\triangle ABC$ の辺、AB, AC の中点をそれぞれ M, N とする。このとき、次が成り立つ。

(1) $MN /\!/ BC$

(2) $MN = \dfrac{1}{2}BC$

中点連結定理は、中学生が学ぶ幾何学の定理の中では大切な基本定理の1つで、比例に関するいろいろな定理の基礎となるものです。証明は相似を使うことも多いのですが、図5.4のような補助線 CD と ND を引くことによって、相似を使わずに証明することができます。この定理を相似の章の前におくか後ろにおくかは、中学校数学全体の構成に影響すると思います。

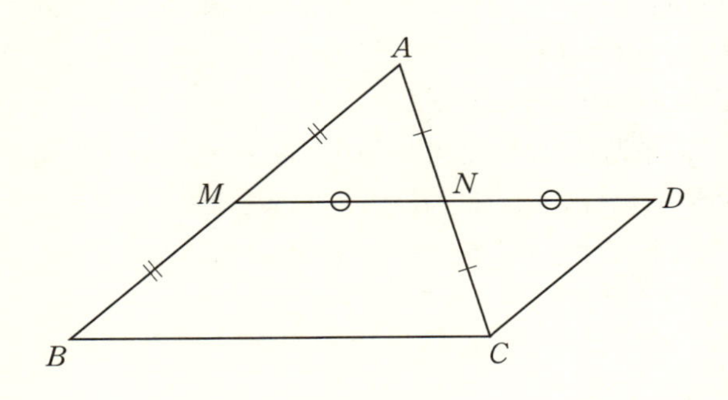

〈図 5.4〉中点連結定理

証明 MN を2倍に延長した点を D とし、D, C を結ぶ。

$\triangle AMN$ と $\triangle CDN$ で

$$AN = CN, \qquad MN = DN, \qquad \angle ANM = \angle CND$$

より

$$\triangle AMN \equiv \triangle CDN$$

である。

したがって、$\angle AMN = \angle CDN$ だから

$$MB = DC, \qquad MB \,/\!/\, DC$$

となり、四角形 $MBCD$ は平行四辺形である。

したがって、$MD = BC$, $MD \,/\!/\, BC$ となり、$MN = 1/2MD$ だから

$$MN \,/\!/\, BC, \qquad MN = \frac{1}{2}BC$$

である。（証明終）

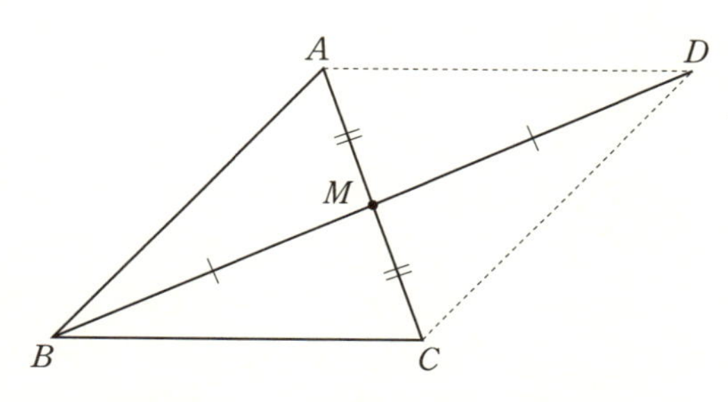

$BM = DM$ となる点 D をとり AD, CD を結ぶ

〈図 5.5〉外角・内対角定理

MN を 2 倍に延長するという補助線は、中学生にとってはかなり難しいと思いますが、辺の中点と頂点を結ぶ線(三角形の中線) を 2 倍に延長するという補助線は、すでにユークリッドの『原論』第 1 巻命題 16 で姿を現しています(図 5.5)。

『原論』のこの命題は「三角形の外角は内対角より大きい」ことを主張するもので、平行線公理とも関係するとても大切な定理です。三角形の内角和が 180 度であることを使えば、外角が内対角より大きくなることは簡単に証明できます。また、三角形の内角和が 180 度になることは、平行線公理と同値であることが知られています。

ユークリッドは『原論』の中で平行線公理の使用を極力避けているように見えます。そのため、外角は内対角より大きいという定理も、三角形の内角和が 180 度になるということを使わずに、こんな補助線を引いて証明しているのです。ですから、この補助線が C を通り AB に平行な直線を引くという補助線と同じ役割を果たしていることに注目してください。つまり、巧まずして CD は $CD /\!/ AB$ となっていて、平行線を引いたのと同じ結果になっています。

『原論』を読んでみると、平行線を引くという補助線をなるべく避けていることが分かります。平行線公理は公理か否かという問題を孕(はら)んで、後に非ユークリッド幾何学の発見へと繋がる大きな問題だったのです。この補助線については、昔、「中線は 2 倍に延ばしてみよ」という標語を語っていた著名な数学者もいました。幾何学的な経験はこのような補助線をいくつも鑑賞することで養われていくのだろうと思います。

では、初等幾何学の中から、さらにいくつかの定理を選んで、その証明を鑑賞しましょう。

三角形の2辺の和

三角形の２辺の和が他の１辺より大きいという定理は、いろいろなところで取り上げられています。多くは、こんな当たり前の定理をなぜ証明するのかというニュアンスのようです。古くは菊池寛が、数学なんて役に立たないということの例証としてこの定理を取り上げたので、有名になりました。菊池寛によれば、数学など役に立たない。わずかに道を歩くとき、三角形の２辺の和が他の１辺より大きいという定理が役に立つ程度だが、こんな定理は誰でも知っている、ということのようです。

実際、２点を結ぶ最短線は直線なのだから、折れ線の方が大きいのは当たり前、という人もいます。しかし、２点を結ぶ最短線が直線だということの証明は、じつはこの定理を使わないとすると、２辺の和の定理の証明よりずっと難しい。ですから、２点を結ぶ最短線が直線だということを初等的に示すには、この定理を使うほかありません。したがって、２点を結ぶ最短線が直線であることを、三角形の２辺の和が他の１辺より大きいことの証明に使うのは循環論法になってしまいます。

この定理の証明は論理的にとても面白いのですが、２等辺三角形の底角定理との関係が特に興味深いのです。

証明には普通は次の補助定理を使います。

補助定理 三角形の辺の大小は、その辺に向かい合う角の大小に一致する。

1つの三角形では大きい辺に向かい合う角は大きく、逆に大きな角に向かい合う辺は大きい、ということが成り立ちます。

証明 $\triangle ABC$ で $AB>AC$ とする。このとき $\angle C>\angle B$ を示す。

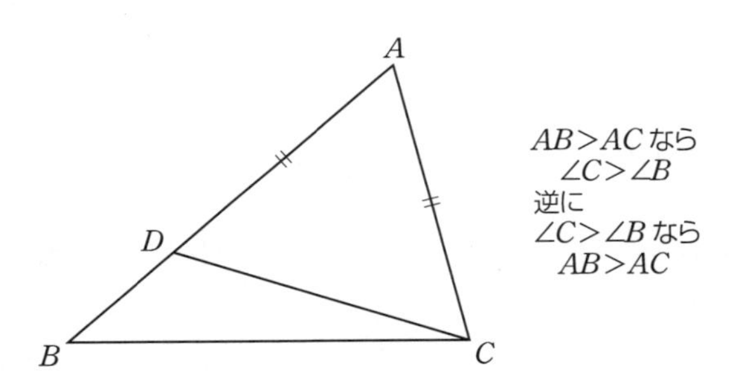

〈図 5.6〉 辺角大小

辺 AB 上に $AD=AC$ となる点 D をとり C, D を結ぶ。$\triangle ADC$ は2等辺三角形だから、2等辺三角形の底角定理によって、

$$\angle ADC = \angle ACD$$

である。

したがって、$\angle ADC=\angle DBC+\angle DCB$ より

$$\angle ADC > \angle B$$

ところが、

$$\angle ADC = \angle ACD < \angle ACB \quad (=\angle C)$$

だから、

$$\angle C > \angle B$$

である。

逆に、$\angle C>\angle B$ なら $AB>AC$ であることを示そう。

$$\angle C > \angle B$$

とする。

2辺 AB, AC の長さの関係は、$AB>AC$, $AB=AC$, $AB<AC$ のいずれかである。

$AB=AC$ とすると、底角定理により $\angle C=\angle B$ となり矛盾。

また、$AB<AC$ とすると、前半の証明から $\angle C < \angle B$ となり矛盾。

よって、$AB>AC$ である。 (証明終)

後半の証明は少し不思議な気がしますか？ なんとなく何も証明をしていないような感じです。この証明方法を転換法といいます。

転換法

転換法とは次のような証明をいいます。

転換法 いま、仮定と結論が同じ個数（たとえばP_1ならばQ_1、P_2ならばQ_2、P_3ならばQ_3）だけあり、それぞれがお互いに同時に起きることがなく、また、すべての場合をつくしているときは、逆にQ_1ならばP_1、Q_2ならばP_2、Q_3ならばP_3が成り立つ。

これは背理法の一種です。もしQ_1でP_1でないと仮定すると、P_2かP_3になるはずですが、P_2ならQ_2に、P_3ならQ_3になりQ_1であることに矛盾する、という証明方法です。

転換法は、仮定と結論がお互いにすべての場合をつくしていて、かつ同時に起きることはない、という条件を満たしていないと使えませんが、記憶しておくとなにかの証明の時に便利に使える技術です。

三角形の辺の大小

さて、先ほど示した補助定理は、「視角が大きい方が長さが大きい」という一見当たり前に見える事実を数学として定式化したものと考えることもできます。ただ、いくら視角が小さくても、遠方にあるものなら長さが大きくなる、つまり、目の前の10円玉の視角より月の視角の方が小さいけれど、もちろん、10円玉の直径より月の直径の方が大きい！　この逆転は、月が遠方にあるために起きます。そのため、定理では「1つの三角形で」と視角を比べる場所を限定しているのです。

さて、補助定理を証明する転換法で一番活躍したのが、2等辺三角形の底角定理であることにもう一度注目してください。底角定理こそがこの大小関係のもっとも基本にあるのです。

この補助定理を使うと、三角形の辺の和に関する大小定理が証明できます。

定理 三角形の2辺の和は他の1辺より大きい。

証明 $\triangle ABC$ の辺 AB を A の方に延長して、$AD=AC$ となる点 D をとり、C と結ぶ。

$\triangle ACD$ は2等辺三角形だから、底角定理によって $\angle ADC=\angle ACD$ である。よって、

$$\angle BCD = \angle BCA + \angle ACD > \angle ACD = \angle ADC$$

となり、$\triangle DBC$ で、$\angle BCD > \angle BDC$ である。

よって、補助定理によって、

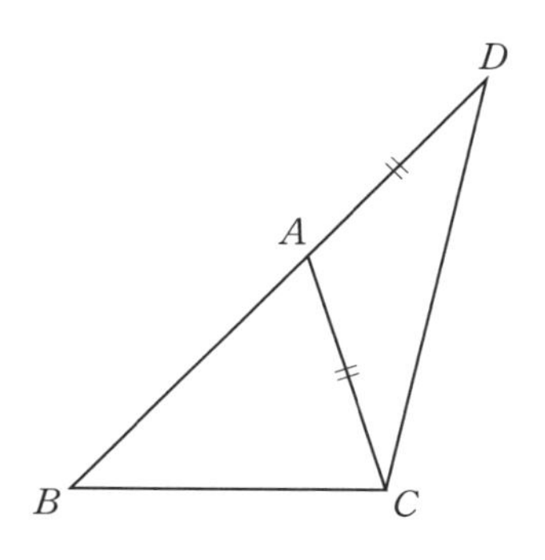

〈図 5.7〉辺の和の大小定理

$BD > BC$

となるが、$BD = AB + AD = AB + AC$ だから、$AB + AC > BC$ である。（証明終）

これで、三角形の２辺の和が他の１辺より大きいことが証明できました。補助定理の証明と同じように、２等辺三角形の底角定理がとても重要な役割を果たしていることに十分注意しましょう。

この証明は補助線さえ引いてしまえば、技術的には決して難しいものではありません。ただ、おそらく、多くの中学生にとっては、辺の大小関係を角の大小関係に置きかえるという証明の発想そのものが、考えつきにくく難しいと思います。そのような理由もあってか、現在では多くの中学校の教科書にはこの証明は載っていないようです。しかし、このような証明こそ鑑賞に値するだろうと思います。２辺の和は他の１辺より大きいという、ほとんど自明とも見える定理の証明を十分に楽しんでください。

5.5 当たり前であるということ

前節の終わりで、三角形の２辺の和は他の１辺より大きい、という定理をほとんど自明と書きました。中学校で初めて学ぶ幾何学の証明について、「そんな当たり前のことをどうして証明しなければならないのか」「だって、証明なんかしなくても見れば分かるでしょ」という異議申し立てが行われることがあります。ここで、この異議申し立てについて少しだけ検討してみましょう。

対頂角が等しいということ

2直線が交わってできる4つの角のうち、向かい合っている2つの角を対頂角といいます。対頂角が等しいというのは、確かに見れば分かる事実です。これは中学2年生が学ぶようですが、多くの教科書では、実際に対頂角を計測し、その大きさが等しいことを確認した後で、「対頂角は等しい」という事実を定理として扱うようです。

対頂角が等しいことは、直線がその上の任意の点について点対称であるという事実から導かれる結論です。任意の点について点対称なので、当然2直線の交点（2直線の共有点）についてどちらの直線も点対称となり、片方の直線をαだけ回転してもう一方の直線に重ねることができるなら、その回転角は一定です。これから対頂角が等しいことが導けます。

普通はこの証明を、点対称性は前面に出さずに、次のように行います。

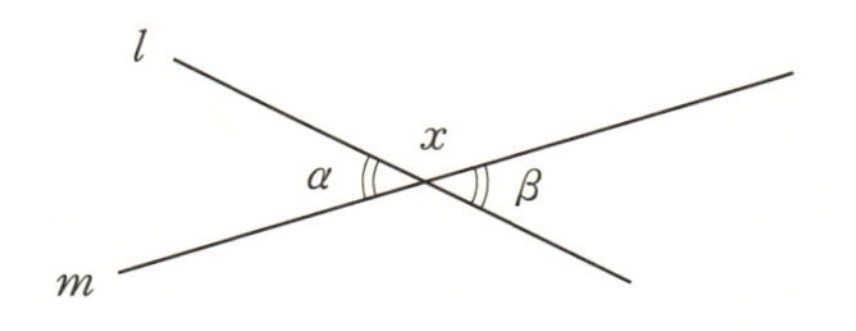

〈図5.8〉対頂角が等しい

対頂角が等しいことの証明　2つの対頂角をα, βとする。

間の角を x とすると、

$$\alpha + x = \pi = \beta + x$$

となり、$\alpha = \beta$ である。（証明終）

使ったのは、等しいものから等しいものを取り去った残りは等しい、という公理です。

さて、この証明を、「見ればすぐ分かることをもったいぶって証明している、馬鹿げた証明」と見るか、「見れば分かることでも証明してみなければ気がすまない、という数学的精神の現れ」と見るか。そのどちらの態度をとるかで、証明の見方は180度変わってしまいます。これはどちらの考えが間違っているか、という問題ではなく、おそらくそのどちらも人の心の在りようの問題だと思われます。ただ、私はここには数学教育としては見過ごすことができない面白い問題が隠れていると思うのです。

直感的な理解から自覚的な理解へ

数学がそれほど好きではない多くの子どもたちや多くの人たちは、はっきりそれとは理解していないまでも、なんとなく直感的につかんでいる直線の点対称性にもとづいて、対頂角が等しいことは明らかだと感じています。それはある意味とても健全なことです。数学でも感性から出発することは前にも述べたとおりです。対頂角が等しいということは、この感性によって直感的に支えられています。

しかし、その感覚的に無意識に理解している側面を、一度明確に意識して理解しようとすると、直線の点対称性とはどういう概念であり、それが数学記号の上でのどのような操作となって現れるのかを自覚的に理解する必要があります。そうすると、あの持って回ったような証明が姿を現します。ここでは「自覚的に」というのが大切なキーワードです。

「なぜこんな分かりきったことを、こと改めて証明する必要があるのか」という疑問は、証明という行為の理解に対してとても根源的だと思われます。ただ、この疑問に「なるほど、その通りなので、この証明は必要ない。もう少し明らかでない問題を考えよう」と答えてしまうことは、数学教育にとって少しもったいないことだと思います。なぜ分かりきったことだと思えるのかを逆に問いかけることによって、無自覚だった概念がきちんとした理由をもって理解され、その数学としての扱いが「なぜか」という理解とともに明確になります。こういう過程を経て、人は証明という営みの面白さが分かるのです。

同じことは、三角形の2辺の和が他の1辺より大きいという定理や、2等辺三角形の両底角は等しいという底角定理にも当てはまります。寄り道をすれば遠くなるという、人が普通に持っている感覚、あるいは2等辺三角形は頂角の2等分線に関して線対称であるという感覚はとても大切です。おそらく人は、それと意識することなくこれらのことを理解しています。しかし、数学という学問とその方法論の柱である証明という技術は、「それとなく感覚的に理解していること」の論拠を明確に意識化し構造化しようとする意思の現れだったのです。

5.6 円周角不変の定理

中学生が学ぶ幾何学の定理で、図の中に動点が出てくることはあまりありません。図は任意に描くので、その意味では図の中の点はすべて動点ですが、普通は図を描いた時点でそれらは固定されます。例外は円周角不変の定理です。この場合、どうしても円周上の点をいろいろと動かしてみることが必要になります。また、この定理では、円周角が一定になることが直感的に見えにくいということがあります。2等辺三角形の底角定理や、三角形の2辺の和についての定理のように、図を見ればほぼ明らかな定理と違って、なぜそうなるのかが不思議だという感覚もあります。「不思議だな、どうしてそうなるのだろう」という感性は、数学でもとても大切です。理由を知りたいという思いが数学のみならず、すべての学問の出発点でもあります。

> **円周角不変の定理** 円上の一定の弧 AB に対して、円周上の任意の点を P とするとき、$\angle APB$ は P の位置にかかわらず一定である。

不変量を探せ

この定理の難しさはやはり P が動いてしまうところにあります。図の中に P との関係を保ちながら、動点 P の位置にかかわらず、一定で変わらない量を見つけることが証明の鍵になります。

数学では変化の法則を調べることはとても大切ですが、もう1つ、変化するものの中に一定で変わらないものを見

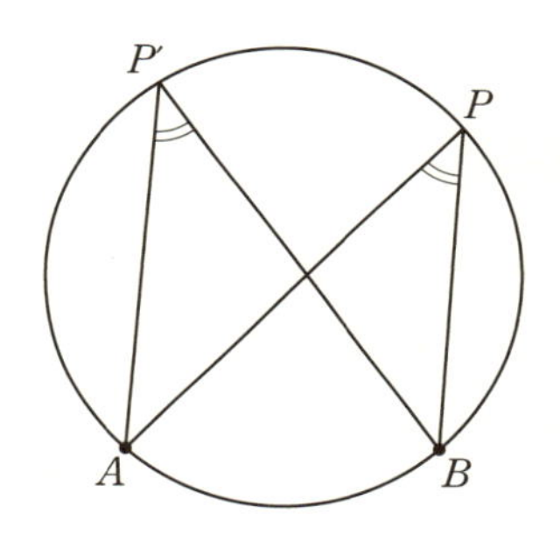

〈図 5.9〉円周角不変の定理

つけることも、とても重要です。このような量を一般に不変量といいます。たとえば、正比例という動的な関係の中では比例定数が一定に保たれています。その意味で、比例定数とは正比例関係の中の不変量ということができます。あるいは、ものを落とすと、落ちる速さはだんだんと速くなりますが、少し進んだ数学である微分積分学を使えば、加速度が一定で変わらないことが分かります。落体の法則の場合は、加速度が不変量になっています。

余談になりますが、名探偵シャーロック・ホームズが扱った事件のなかで、不思議な事件だが、その中で何が変わらなかったかを調べることで解決できたことも多いのです。不変量の発見は数学だけでなく、いろいろなところに応用できる考え方です。

不変量という視点で幾何学を見直して見せたのが、19 世紀ドイツの数学者クラインでした。クラインは不変量という視座から幾何学を捉え直し、幾何学とは変換群（図形の動かし方）によって不変に保たれる図形の性質の研究にほかならない、と喝破したのです。つまり、どのように図形を動かしても変わらない性質を調べる数学が、幾何学なのです。

図形の動かし方をどう解釈するかによって、いろいろな幾何学が生まれます。普通私たちが学んでいるユークリッド幾何学は合同変換、あるいはもう少し広く相似変換という動かし方によって変わらない図形の性質を調べています。動かし方にもっと自由度を持たせると、射影幾何学とか位相幾何学などが生まれてくるのです。ここでは、ユークリッドの立場に立って図形を考えていきましょう。

円周角不変の定理の証明

では、円周角不変の定理で一定に保たれているものはなんでしょうか。定理の結論を先取りすれば、円周角はたしかに一定なのですが、動点 P が円周上を動いているため、一定であることがなかなか見えません。それを証明せよというのがこの定理です。

もちろん、弧 AB が一定不変ですが、角が問題になっていることから、弧 AB の中心角に注目できると補助線が見つかります。円の中心は動きませんから、弧 AB が一定なら中心角が一定だということは当然です。だから、円周角と中心角の関係が見つかれば、証明ができるに違いありません。

では証明を紹介しましょう。

円周角不変の定理の証明　いくつかの場合に分けて証明する。

円周上の点 P を動かしたとき、P が特別な位置に来る場合を最初に考えてみる。

(1) A, O, P が一直線になる場合

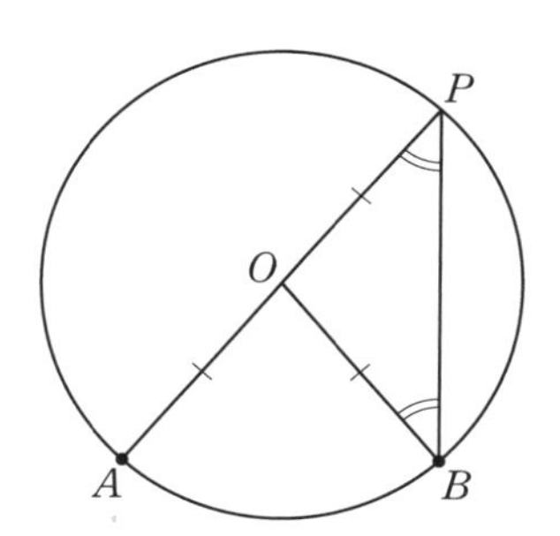

〈図 5.10〉円周角不変の定理の証明：場合(1)

$\triangle OPB$ は2等辺三角形だから、$\angle OPB = \angle OBP$ である。よって、外角の定理より、

$$\angle AOB = \angle OPB + \angle OBP = 2\angle OPB$$

つまり、円周角 $\angle APB$ は中心角 $\angle AOB$ の 1/2 である。

(2) 中心 O が $\triangle APB$ の内部にある場合

直線 PO を引き、弧 AB との交点を C とする。

(1)の証明によって、

$$\angle APC = \frac{1}{2}\angle AOC$$

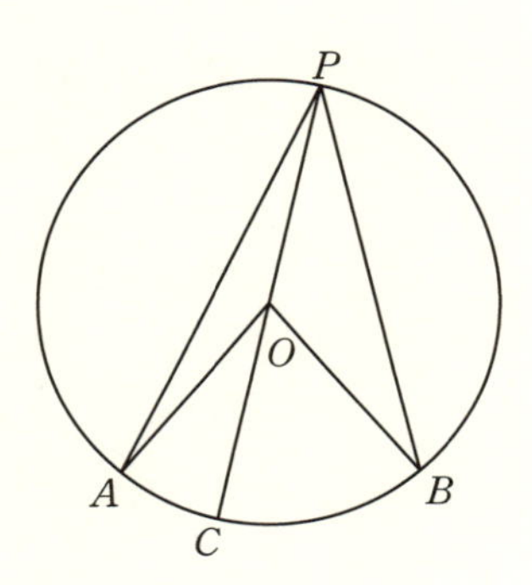

〈図 5.11〉円周角不変の定理の証明：場合(2)

$$\angle BPC = \frac{1}{2}\angle BOC$$

だから、両辺を加えると、

$$\angle APB = \frac{1}{2}\angle AOB$$

で、この場合も円周角 $\angle APB$ は中心角 $\angle AOB$ の 1/2 である。

(3)　中心 O が $\triangle APB$ の外部にある場合

(2)と同様に、直線 PO を引き、円周との交点を C とする。

(1)の証明によって、

$$\angle APC = \frac{1}{2}\angle AOC$$

$$\angle BPC = \frac{1}{2}\angle BOC$$

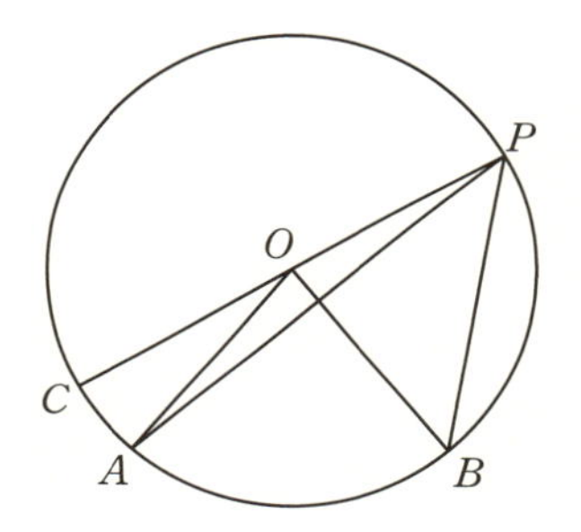

〈図 5.12〉円周角不変の定理の証明：場合(3)

だから、今度は下式から上式を引くと、

$$\angle APB = \frac{1}{2}\angle AOB$$

で、この場合も円周角 $\angle APB$ は中心角 $\angle AOB$ の 1/2 である。

弧 AB の中心角は一定。したがって、弧 AB の円周角も一定（で中心角の半分）である。　（証明終）

ここには、数学の証明の１つの重要なアイデアが示されています。それは、特別な場合について証明してみて、それが一般化できるかどうかを考える、ということです。

数学は多くの場合、一般論を追究してきました。一般化というのは、数学の発展を支えてきた重要な思考方法の１つです。

さらに、少し逆説的なことですが、一般化をすることによって、不要な本質的でない付属物が取り除かれて、証明したい物事の本質がよく見えてくることがあります。つまり、個別事例には個別事例それぞれの個性があるのですが、その個性がその個別事例に特有なものなのか、それとも一般的に成り立つことなのかを考察することが大切なのです。

円周角不変の定理でいえば、場合(1)の特別な位置にある P で成り立つ性質が、一般の場合に成り立つかどうか、が問題でした。

円周角定理は、中学校で学ぶ幾何学の定理の中でも、とても大切なものの1つです。それは円周角定理とその証明が、このような数学の証明全体に関わる考え方を含んでいるからです。

5.7 ピタゴラスの定理

中学生が最後に学ぶ幾何の定理がピタゴラスの定理（三平方の定理）です。これは幾何学に限らず、数学の定理の中ではもっとも有名な定理の1つで、多くの人が学校を離れてからも記憶しているようです。また、数学に関心がある人に、記憶している定理の名前をあげてもらうと、その第一にあがるのがピタゴラスの定理です。

この定理は純粋に数学的に見ても応用範囲の広いとても大切な定理です。幾何学だけではなく、数論にも多くの影響を与えました。

数学では距離の定理として使われることが多いのですが、中学校では面積の定理として使われる場合も多いようです。面積定理としては、その視覚的な証明が印象深いのでしょうか、次の図 5.13 を記憶している人も大勢いるに違いありません。

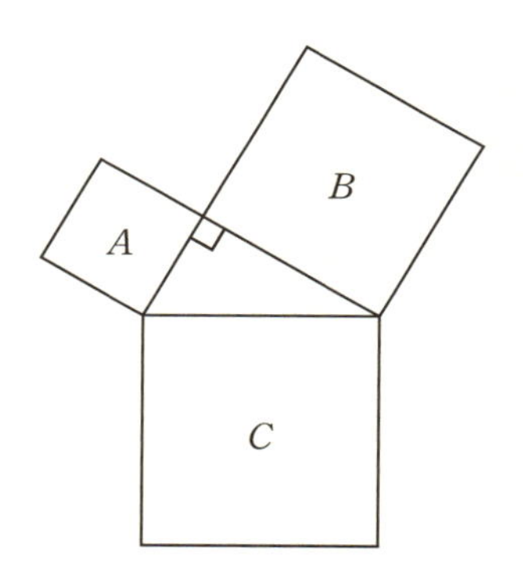

〈図 5.13〉ピタゴラスの定理

この定理は直感的には少しも明らかではありません。図 5.13 の上の 2 つの正方形 A と B の面積の和が下の大きな正方形 C の面積に等しいということは、図を見ているだけでは発見できないでしょう。ピタゴラスがどうやってこの事実を発見したのかはもちろん分かりませんが、今度も特別な場合を考えることが有効です。

直角 2 等辺三角形については、図 5.14 から、ピタゴラスの定理が成り立つことが分かります。これが一般化できないかどうかを考える。こうしてピタゴラスの定理が発見されたのかもしれません。

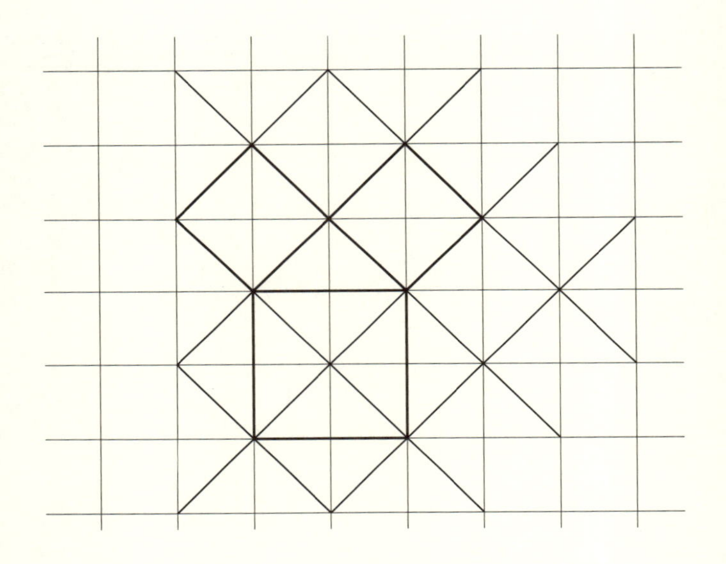

〈図 5.14〉直角2等辺三角形の場合

裁ちあわせによる証明

最初に、多くの中学校教科書に載っている「図形の裁ちあわせ」による証明を紹介しましょう。裁ちあわせとは、ある図形を切って並べ替え、別の形に直す方法です。裁ちあわせによって図形 X が図形 Y になるなら、X の面積と Y の面積が等しいことは明らかです。裁ちあわせを数学では分解合同といいます。

図 5.15 から、ピタゴラスの定理が成り立つことが視覚的に分かります。もちろんこれは立派な証明で、これなら小学生でもピタゴラスの定理の成り立つ理由が分かるでしょう。証明とは、その事実が正しいことの納得のいく説明

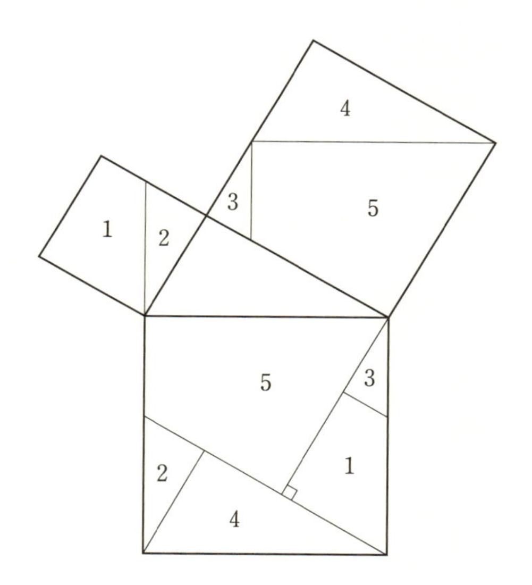

〈図 5.15〉 裁ちあわせ（分解合同）

ですから、誰でも分かるというのは、証明の大切な要素の1つです。残念ながら、現代数学の証明の中で、誰でもが分かる証明はそうたくさんはありません。ピタゴラスの定理の裁ちあわせによる証明はその貴重な1つです。

分解合同の逆

2つの図形が分解合同なら、面積が等しいことは明らかです。では、逆に2つの図形 X と Y の面積が等しいなら、X と Y は分解合同になるだろうか、つまり、X を切って並べ替えて Y を作ることができるでしょうか。これについては次の定理が知られています。

ボヤイ・ゲルヴィンの定理 面積が等しい2つの図形は分解合同である。

この定理の証明については拙著『幾何物語』(ちくま学芸文庫)、『面積のひみつ』(さ・え・ら書房)をご覧ください。

ちょっと注釈をつけると、この定理の立体版は成立しません。次の定理が成り立ちます。

デーンの定理 体積が等しい正四面体と立方体は分解合同でない。

つまり、正四面体を切って並べ替えて立方体を作ることはできません。この問題は20世紀最大の数学者の1人であるヒルベルトが提出し、弟子のデーンによって証明されました。

相似を使ったピタゴラスの定理の証明

さて、ピタゴラスの定理の証明はたくさん知られています。ユークリッドの『原論』にある、三角形の合同と等積変形を使う証明は、それほどやさしくはありませんが、有名です。ここでは、相似を使った証明を2つ紹介します。どちらも本質的には同じ証明です。直角三角形の直角の頂点から斜辺に垂線を下ろすと、元の直角三角形と相似な2つの相似三角形に分けられる、という性質を使います。

ピタゴラスの定理の証明(1) $\triangle ABC$ の直角の頂点 A から斜辺 BC に下ろした垂線の足を H とする。

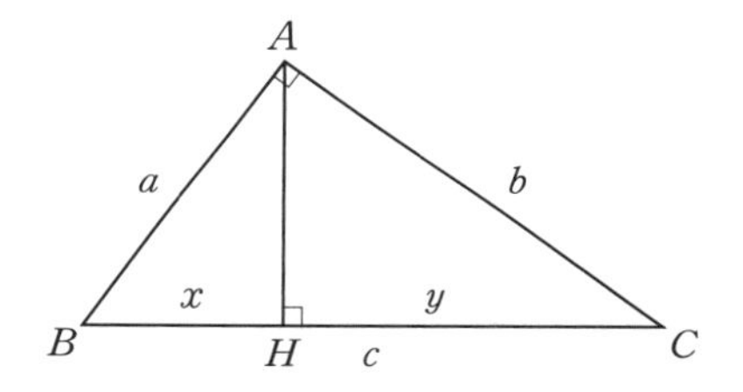

〈図 5.16〉相似による証明(1)

図 5.16 で、

$$\triangle ABC \backsim \triangle HBA \backsim \triangle HAC$$

より、

$$a : c = x : a, \qquad b : c = y : b$$

すなわち、$a^2=cx, b^2=cy$ である。

よって、

$$\begin{aligned} a^2+b^2 &= cx+cy \\ &= c(x+y) \\ &= c^2 \end{aligned}$$

である。　　　　　　　　　　　　　　　　(証明終)

裁ちあわせ（分解合同）による証明がパズル的な面白さを持っていたのに対して、この証明は簡明ですが面白味に欠けるかもしれません。しかし、垂線を下ろして相似な三角形を作ってみるという補助線は、いろいろと役に立ちます。

ところで、この証明を眺めていると、次のような面白い証明に気がつきます。

ピタゴラスの定理の証明(2)　元の三角形をそれぞれa倍、b倍、c倍に相似拡大した直角三角形を作る。このとき、a倍した三角形とb倍した三角形はc倍した三角形の中に図5.17のように埋め込むことができる。

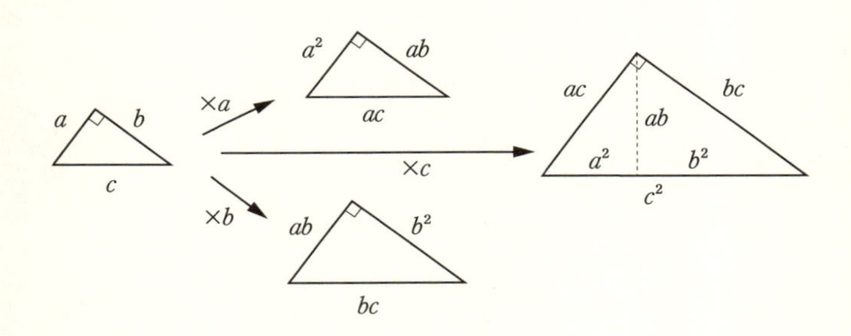

〈図5.17〉相似による証明(2)

したがって、$a^2+b^2=c^2$である。　(証明終)

この証明は相似三角形を使うという意味で、(1)の垂線を下ろした証明と本質的に変わりませんが、ちょっと不思議な面白さを持っていると思います。しかも、ピタゴラスの定理が面積ではなく、直接に長さの定理として証明されていることを鑑賞してください。

5.8 プトレマイオスの定理

プトレマイオスはギリシアの数学者・天文学者で、その主著『アルマゲスト』は天動説を確立した書物として、コペルニクスによる地動説が現れるまで長い寿命を持ちました。

プトレマイオスは天文学を研究するために、さまざまな角度に対する弦の長さを計算しましたが、それは現在の三角法にあたるもので、その研究のために発見されたと考えられるのがプトレマイオスの定理です。プトレマイオスは英語読みではトレミーというので、この定理はトレミーの定理という名前の方が有名かもしれません。

人工的な補助線を引く証明

プトレマイオス(トレミー)の定理 円に内接する四角形 $ABCD$ において、

$$AB \cdot CD + AD \cdot BC = AC \cdot BD$$

が成り立つ。

この定理の初等幾何学的な証明は難しく、証明に使われる補助線は鑑賞用だと思われますが、相似形の巧みな使用を味わってください。

証明 $\angle BAE = \angle CAD$ となる点 E を対角線 BD 上に取る。

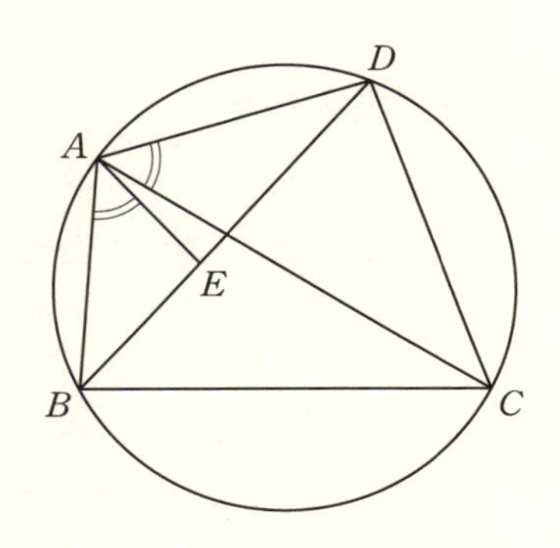

〈図 5.18〉プトレマイオスの定理の証明

$\triangle ABE$ と $\triangle ACD$ で、四角形 $ABCD$ が円に内接することから、

$$\angle ABE = \angle ACD$$

だから、

$$\triangle ABE \backsim \triangle ACD$$

である。

したがって、

$$\frac{AB}{AC} = \frac{BE}{CD}$$

すなわち、

$$AB \cdot CD = AC \cdot BE \qquad ①$$

である。

同様にして、四角形 $ABCD$ が円に内接するという条件

から、

$$\triangle ABC \backsim \triangle AED$$

となり、

$$\frac{AD}{AC}=\frac{ED}{BC}$$

すなわち、

$$AD \cdot BC = AC \cdot ED \quad ②$$

である。

式①と②の辺々をたせば

$$\begin{aligned} AB \cdot CD + AD \cdot BC &= AC \cdot BE + AC \cdot ED \\ &= AC(BE+ED) \\ &= AC \cdot BD \end{aligned}$$

となり、求める式を得る。 (証明終)

相似三角形ができるように角をとることは、確かに簡単な補助線ではありませんが、初等幾何学に詳しい人なら覚えがあるかもしれません。このような、ある意味で人工的な補助線は、それが印象的であればあるほど記憶に残りやすく、一度覚えてしまうとなかなか忘れるものではないと思います。もう一度、この補助線を鑑賞してください。

プトレマイオスの定理から三角関数の加法定理へ

ところで、プトレマイオスの定理は、現在でいえば、三角法にあたる成果（現在の三角法そのままではない）だと書きました。詳しいことは上垣渉『はじめて読む数学の歴史』(ベレ出版)を参照してください。ここでは実際に、この定理から現在の三角関数の加法定理が導けることを示しておきましょう。

証明　直径が 1 である円に内接する、図 5.19 のような四角形 $ABCD$ を考える。$\angle ABD=\alpha$, $\angle CBD=\beta$ とする。

直径上の円周角は直角だから、

$$AB=\cos\alpha,\quad AD=\sin\alpha,\quad BC=\cos\beta,$$
$$CD=\sin\beta$$

である。

一方、円の直径が 1 だから、$\triangle ABC$ に正弦定理を使うと

$$\frac{AC}{\sin(\alpha+\beta)}=1$$

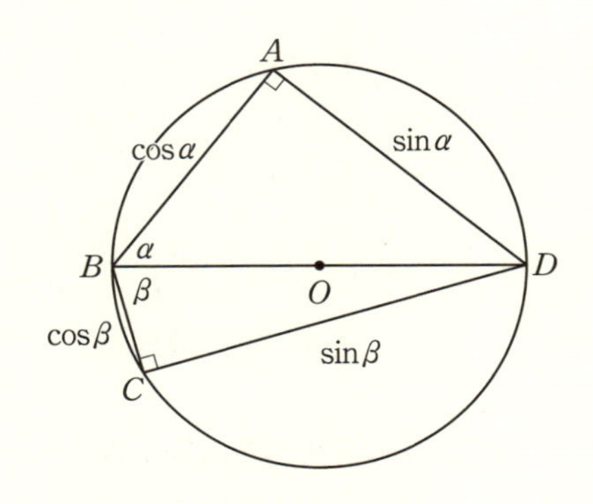

〈図 5.19〉加法定理の証明

すなわち、$AC=\sin(\alpha+\beta)$ となり、プトレマイオスの定理により

$$\sin\alpha\cos\beta+\cos\alpha\sin\beta=\sin(\alpha+\beta)$$

となる。 (証明終)

プトレマイオスはこの加法定理を駆使して、現在から見ても驚異的な精度で三角比の値を計算したのです。

もう1つ、プトレマイオスの定理を円に内接する長方形に適用すればピタゴラスの定理となることも注意しておきましょう。

すなわち、長方形では $AB=CD, AD=BC, AC=BD$ が成り立っているので、プトレマイオスの定理から

$$AB^2+AD^2=BD^2$$

となりピタゴラスの定理が成立します。

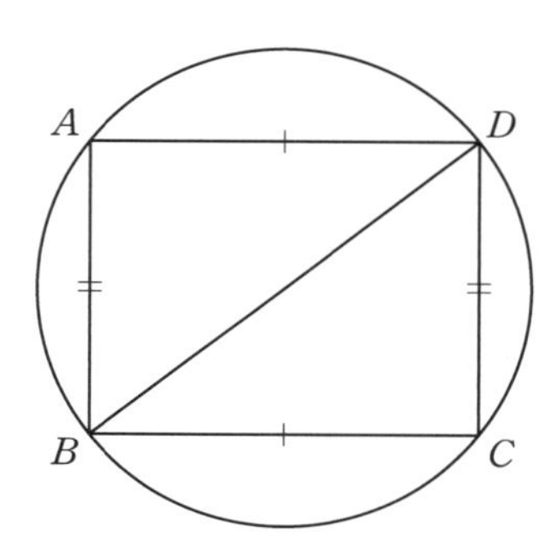

〈図 5.20〉 プトレマイオスの定理を使ったピタゴラスの定理の証明

なお、プトレマイオスの定理は余弦定理を使って、純粋に計算だけで証明することもできます。円に内接する四角形の向かい合った角の和が180度になることを使います。ちょっと挑戦してみてください。

5.9 2等辺三角形の底角定理

図形の証明の話を始めたとき、最初に2等辺三角形の底角定理について触れました（2.2節）。そこでも話したように、底角定理は中学生が学ぶもっとも基本的な定理の1つで、普通の教科書では中学校2年生で学ぶようです。定理をもう一度書いておきましょう。

> **2等辺三角形の底角定理** 2等辺三角形の2つの底角は等しい。

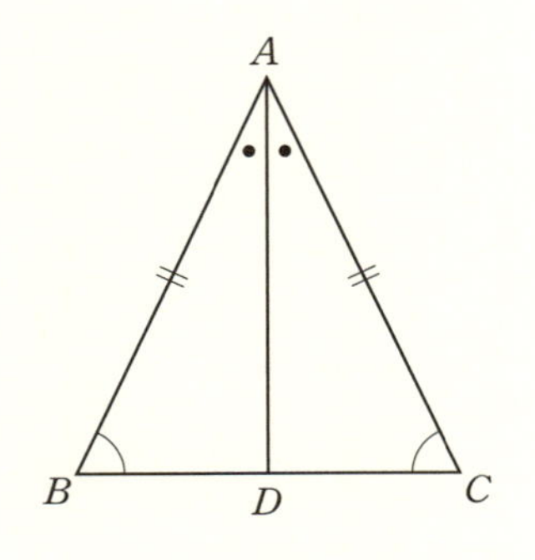

〈図 5.21〉 底角定理

確認から証明へ

この2等辺三角形の性質は小学校でも学びます。ただし、いわゆる証明はしません。2等辺三角形が頂角の2等分線について線対称であることを使います。具体的には、2等辺三角形を折り紙などで切り抜き、頂角の2等分線で半分に折ることで、2つの底角がピッタリと重なることを確認します。

もちろん、小学校で学ぶ折り紙を使った底角定理の説明は、事実の確認であって数学としての証明ではありません。数学でも事実の確認という経験はとても大切です。しかし、それは数学としての論理的な証明にならないことは、お話ししてきたとおりです。

中学校に入ると、底角定理を数学の定理として論理的に証明するようになります。この証明は初めて証明を学ぶ中学生にとってそれほどやさしいものではありません。それは補助線を使わなければならないからです。底角定理の中学校教科書による証明はすでに紹介しましたが、確認のた

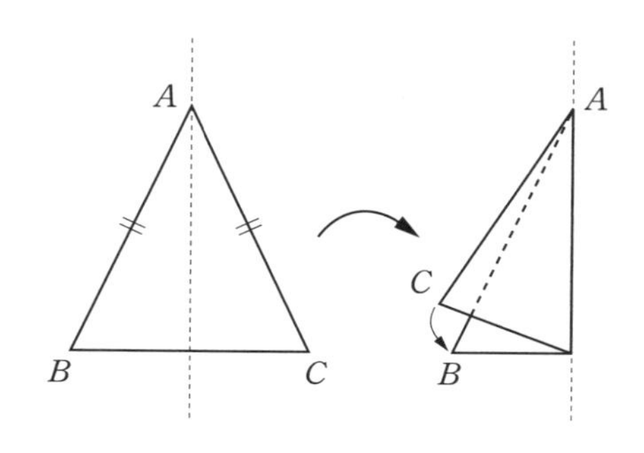

〈図5.22〉折り紙による底角定理の確認

めもう一度証明します。

底角定理の証明 2等辺三角形を $\triangle ABC(AB=AC)$ とし、頂角 $\angle A$ の2等分線が底辺 BC と交わる点を D とする。

$\triangle ABD$ と $\triangle ACD$ で、

$$AB = AC, \qquad AD \text{は共通}, \qquad \angle BAD = \angle CAD$$

よって、2辺とその間の角が等しいので、

$$\triangle ABD \equiv \triangle ACD$$

となり、

$$\angle B = \angle C$$

である。 (証明終)

頂角の2等分線という補助線を引くことは、折り紙を半分に折ってみるという説明を数学として正確に記述したものですから、これは小学校の経験の延長線上にある分かりやすい証明です。実際は、中学校のこの証明を睨んで、小学校での折り紙による底角定理の確認があるのでしょう。

パッポスの証明

ところが、専門の数学書を開いてみると、底角定理の証明は次のようになっています。

底角定理の証明 その2 2等辺三角形を $\triangle ABC$ とし、

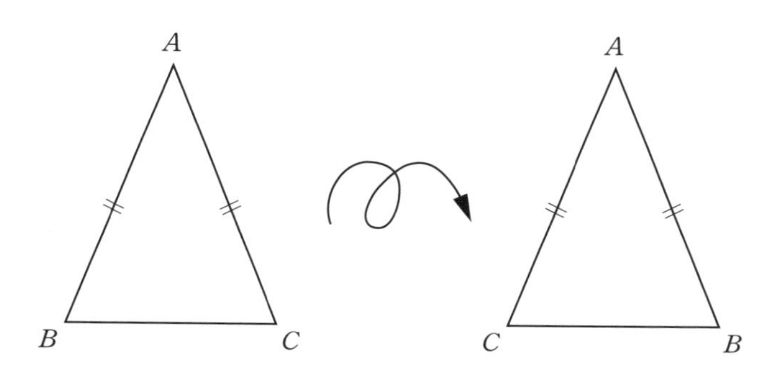

〈図 5.23〉パッポスの証明

それを裏返した三角形を $\triangle ACB$ とする。

$\triangle ABC$ と $\triangle ACB$ で

$$AB = AC, \qquad AC = AB, \qquad \angle A = \angle A$$

よって、2辺とその間の角が等しいので、

$$\triangle ABC \equiv \triangle ACB$$

となり、

$$\angle B = \angle C$$

である。（証明終）

この証明はギリシア時代最後の大数学者パッポスによると言われています。

なぜ裏返すのか

さて、この2つの証明を見くらべてみましょう。読者の皆さんはどちらが分かりやすいと思いますか。あるいはどちらがエレガントで見事な証明だと思いますか。

人によって受け止め方はいろいろだと思います。パッポスの証明がエレガントで面白いと思う人もいるでしょう。確かに補助線を1本も引くことなく、三角形を裏返すというダイナミックな発想で証明することに、幾何学の証明の面白さを感じ取る人は多いかもしれません。

しかし、三角形を裏返すという発想は難しい。中学校の教科書に載っている証明は、補助線として2等辺三角形の対称軸を引くという、無理のない発想の証明です。前にも述べたとおり、頂角の2等分線を引くという補助線が、小学校での、2等辺三角形をその線対称性に着目して真ん中で折ってみるという説明の、数学的な厳密化であることは注目されていいと思います。

では、数学の専門書ではどうして、この無理のない証明ではなく、気がつくのが難しいと思われるパッポスの証明を使っているのでしょう。もっとも、この証明自身も2等辺三角形の対称性をもとにしていることは同じです。

角の2等分線の引き方

中学校教科書の証明を実行するためには、頂角 $\angle A$ の2等分線を引く必要があります。中学生の時、角の2等分線の作図を学んだはずです。その作図を思い出してみましょう。

角の頂点 O を中心とする円を描き、角をなすそれぞれの

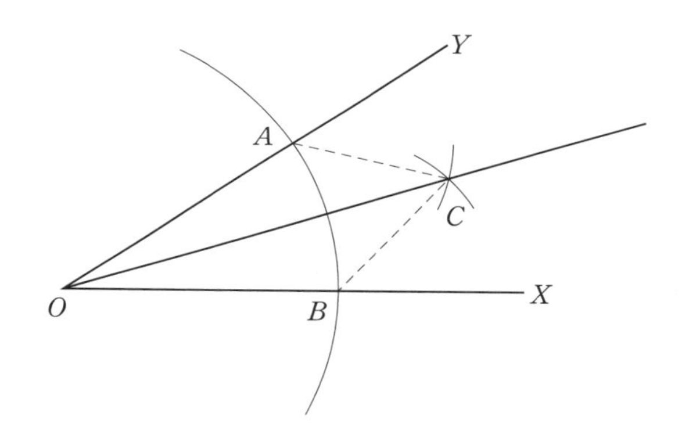

〈図 5.24〉角の2等分線の作図

辺との交点を A, B とする。A, B を中心とする同じ半径の円を描き、それらの交点を C とする。OC が求める $\angle XOY$ の 2 等分線です。この作図はいわゆる基本作図というもので、線分の垂直 2 等分線の作図と並んでもっとも基本となる作図です。

ところで、この OC が $\angle XOY$ の 2 等分線となるのはなぜでしょうか。それは、3 辺が等しい三角形は合同であるという定理から

$$\triangle OAC \equiv \triangle OBC$$

となるからです。この合同から、対応する角が等しいことが言えて

$$\angle AOC = \angle BOC$$

となることが分かります。

2等分線の作図の構造

少し話が複雑になってきたので、整理しておきましょう。

- 中学校の方法で底角定理を証明するためには、補助線として頂角の2等分線を引く必要がある。
- 角の2等分線はコンパスと定規で作図できる。
- 作図した線が角の2等分線であることを示すには、3辺が等しい三角形が合同であることを使う。

つまり証明の基本線は、

3辺相等の合同定理 → 角の2等分線の存在 → 2等辺三角形の底角定理

となっているのです。

実は難しい3辺相等の合同定理

ところで、3辺相等の合同定理はその証明が案外難しい。それは、角についての条件が何もないので、三角形の辺が重なるかどうかが簡単には分からないからです。普通、中学校ではこの定理の証明は行いません。2つの三角形が重なることを直感的に理解しています。

この定理は次のように証明されます。

3辺相等の合同定理の証明　$\triangle ABC$ と $\triangle A'B'C'$ で

$$AB = A'B', \qquad BC = B'C', \qquad AC = A'C'$$

とする。

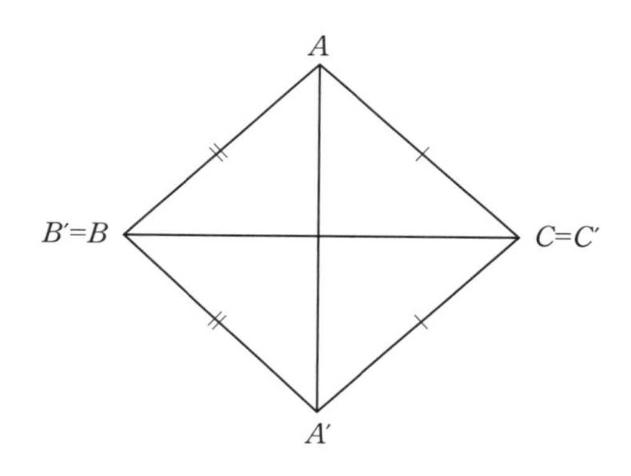

〈図 5.25〉 3辺相等の合同定理の証明

2つの三角形を辺 $BC(=B'C')$ で向かい合わせに並べる。

A と A' を結ぶ。

すると、$\triangle ABA', \triangle ACA'$ はどちらも2等辺三角形なので、底角定理によって、

$$\angle BAA' = \angle BA'A, \qquad \angle CAA' = \angle CA'A$$

となり、したがって

$$\angle BAC = \angle BA'C$$

である。

よって、2辺とその間の角が等しくなり、

$$\triangle ABC \equiv \triangle A'B'C'$$

である。　　　　　　　　　　　　　　　　　　　　　（証明終）

循環論法だった!?

これで問題のありかがはっきりしてきました。

もう一度整理してみましょう。

3辺相等の合同定理を証明するためには、2等辺三角形の底角定理が必要なのです。つまり、

底角定理 →3辺相等の合同定理 → 角の2等分線の存在 → 底角定理

これがこの証明の論理の鎖です。

これは明らかな循環論法です！　これで分かりました。数学の専門書で、パッポスによる三角形を裏返すという、いささか気がつきにくい、しかし、とてもエレガントな証明をしている背景には、この循環論法を避けるため、という考え方があったに違いありません。

それにしても、古代ギリシアの数学者たちの想像力の豊かさには脱帽します。じつはユークリッドの『原論』に載っている底角定理の証明は、もう少し持って回った証明になっています。それはあとで説明しましょう。

では、中学校教科書の証明は間違いなのでしょうか。ここには数学と数学教育との微妙な関係が潜んでいます。

5.10 構成的証明と非構成的証明

中学校で学ぶ底角定理の証明には、頂角の2等分線という補助線が必要になります。そして、角の2等分線を実際にコンパスと定規を使って引こうとすると、中学校で学ぶ基本作図が必要になります。ところが基本作図では、作図した線が実際に角の2等分線になっていることを証明しようとすると、3辺相等の合同定理が必要となり、この定理の証明には底角定理が必要なのでした。

角の2等分線は存在するが……

しかし、角の2等分線が存在することを示すだけならば、次のような方法があります。

$\angle XOY$ の辺 XO から出発する動線 OA を考えます。動線 OA は $\angle XOY$ を2つの部分に分けます。最初は一方（$\angle XOA$）が0で、もう一方（$\angle YOA$）が $\angle XOY$ 全体に

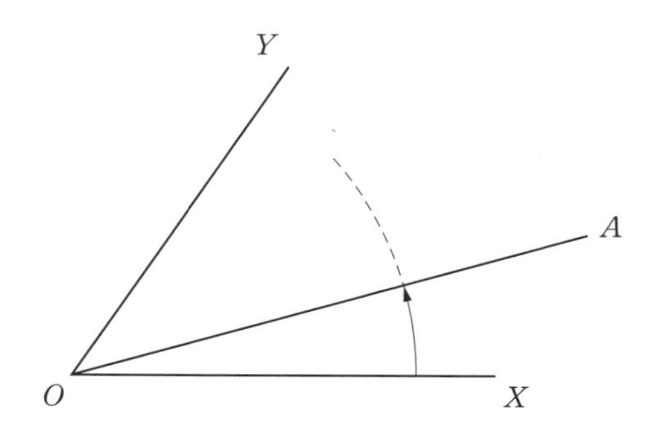

〈図 5.26〉 角の2等分線の存在

なっています。動線 OA が動くにつれて、$\angle XOA$ は増えていき、$\angle YOA$ は減っていきます。最終的には最初に0だった $\angle XOA$ が $\angle XOY$ 全体になり、最初に全体だった $\angle YOA$ が0になります。この角の増減は連続的に変化しますから、途中のどこかで

$$\angle XOA = \angle YOA$$

となるときがあります。このときの動線 OA が角 $\angle XOY$ の2等分線です。したがって、角の2等分線が存在することは確かなのです。

しかし、存在することは確かな2等分線なのですが、その2等分線はどこにあるのか、と問われると困るのです。これは次のような例えでも了解できます。

同じ大きさの2つのコップがあり、片方には水がいっぱい入っていて、もう片方は空っぽだとします。いっぱい入っているコップの水を空っぽのコップに移していきます。最初いっぱいだったコップの水は減っていき、最初空っぽだったコップにはだんだん水が溜まっていきます。最後に水はいっぱいだったコップから空っぽだったコップに完全

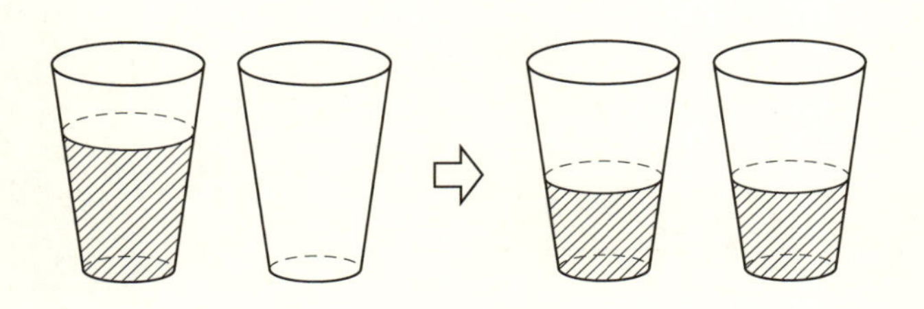

〈図 5.27〉コップに半分の水

に入れ替わります。ですから、途中のどこかで、水がちょうどそれぞれのコップに半分ずつになるときがあります。

でも
「いつ半分になるのですか？」
と聞かれると困ります。
「ちょうど同じ量になったときです！」
というのは冗句です。

きっちりと測らない限り、目で見て、だいたいこの辺で半分ですとしか言いようがありません。

角の2等分線も同じことだったのです。
「実際の2等分線はどうやって求められるのですか？」
と言われると困ってしまいます。角の2等分線が存在することは確かだが、作図しない限り実際の2等分線をこれと示すことができない。ここには、証明に関わるとても大切な考え方が潜んでいます。

引ける補助線、引けない補助線

実際の証明の中で使われている補助線などの要素を、具体的に作ってみせることができるとき、その証明は構成的であると呼びましょう。1つずつ手触りのあるものとして証明を作り上げることができる、ということです。その意味で、角の2等分線の存在は、底角定理を使えば構成的に証明できるのです。

逆に、具体的な補助線などが存在していることは分かるが、これが求める線だ、という形で示すことができない証明を非構成的な証明と呼びます。

2等辺三角形の底角定理において、角の2等分線の存在を構成的に証明して補助線として使おうとすると、残念ながら証明全体が循環論法になってしまいます。しかし、角の２等分線の存在は非構成的に認めてしまおう、という立場をとるなら、中学校教科書における底角定理の証明は分かりやすい立派な証明になるのです。角の２等分線の存在の中間値の定理を使った厳密な（非構成的な）証明は次章で紹介します。

中学校の段階で、証明を疑問の余地なく構成的にしようとすることは、教育的な立場としてはあまりに厳密すぎるのではないか。おそらくこのような配慮が働き、中学校教科書では現行のような証明を採用しているのでしょう。しかし、専門の数学書ではその点を無視できない。それで、専門書では三角形を裏返すというパッポスの証明が使われます。

ユークリッドによる底角定理の証明

じつはユークリッドの『原論』でも、本質的にパッポスの証明と同じ「三角形の裏返し」が使われています。

ユークリッドによる底角定理の証明は少し持って回っています。

図 5.28 で D, E は辺 AB, AC の延長上に $BD=CE$ となるようにとった点です。

この図から、２辺夾角の合同定理を使って $\triangle ADC$ と $\triangle AEB$、$\triangle BDC$ と $\triangle CEB$ の合同をこの順番に証明し、それから $\angle B=\angle C$ を導きます。

この証明は古来「ロバの橋」と呼ばれ、なかなか理解しにくかったようです。ロバはここでは愚か者のたとえで、

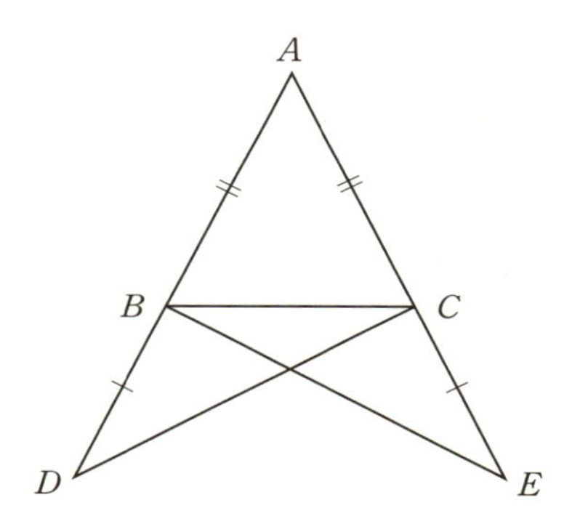

〈図 5.28〉ユークリッドによる底角定理の証明

ロバの橋は愚か者には渡れないという意味だったようです。本当のロバは賢い優しい動物です。

ところで、なぜユークリッドはこんな証明をしたのでしょうか。

$\triangle ADC$ と $\triangle AEB$ はじつは裏返しの関係にあります。ユークリッドは $\triangle ABC$ を直接裏返すことを避け、裏返したのと同じ効果がある三角形を新しく作って証明しているのです。

なぜ、ユークリッドは $\triangle ABC$ を直接裏返すのを避けたのでしょう。それには理由があると思いますが、それは次章で考察します。

さて、2 等辺三角形の底角定理を少し詳しく調べてみて、証明には構成的なものと非構成的なものがあることが分かりました。構成的な証明とは、証明の中に現れる数学的な対象を具体的に作り上げることができるもの、非構成的な証明とは、補助線などの存在は分かるが、それを具体的に作ることが難しいものでした。

数学は無限を直接に取り扱う学問です。そして、無限の中にはどうしても構成的には扱えないものもあります。そのような証明が直接姿を現すのが解析学です。では次の章で解析学の証明を鑑賞しましょう。

第6章

無限に挑戦する
――解析学の証明

6.1 無限という怪物

解析学とは微分積分学の成長した学問です。微分積分学では四則計算に加えて、極限という計算を扱います。極限の計算では連続と無限を避けて通ることができません。ですから、解析学では連続とはどういうことかが問題となります。

また第5章の最後で述べたとおり、数学は無限を直接に取り扱う学問です。他の自然科学では、考察の対象として無限を扱うことはありません。もちろん、人の尺度で見れば、この宇宙などはほとんど無限ですし、極端に大きな数も現実問題としては無限のようなものです。しかし、それでも厳密には無限ではなく有限です。哲学でも無限を扱いますが、数学での無限の扱い方は、無限を手なずけて、形式と論理の対象として無限をみる、ということです。

ところが、むき出しの無限はなかなか手なずけられない、厄介な怪物でした。古代ギリシアの数学者たちは、この怪物を無防備のまま外に出すと、いろいろと面倒が起きることをよく理解していました。そのひとつの例が、哲学者ゼノンによる、いわゆるゼノンのパラドックスです。

ゼノンのパラドックスはいくつかありますが、有名なのは「アキレスと亀」と呼ばれるものでしょう。

足の速いアキレスと足の遅い亀が競走をする。ハンデをつけて、亀はアキレスの前からスタートすることにする。すると、アキレスが亀のスタート地点まで来たときは、亀はすでにもう少し前を走っている。アキレスが亀を追い越すためには、必ず亀のいた地点に行かなければならないが、すると亀は常にその先にいる。つまり、アキレスはいつまでたっても亀を追い越すことができない、というものです。

〈図 6.1〉アキレスは亀に追いつけない（?）

このように、運動という概念は、空間的にも時間的にも本質的に無限を含んでいます。運動を前面に出すと、無限が暴れ出すことが避けられない。

おそらく、ユークリッドはそれを熟知していたのでしょう。ユークリッドの『原論』は注意深く運動を避けようとしているように見えます。つまり、図形を動かすことを嫌ったのです。これが、『原論』においてパッポスの証明と本質的に変わらない証明をしているのにもかかわらず、図形を裏返すことを避けた理由だと思われます。ユークリッドは図形を動かすことで、ゼノンのパラドックスのような事態が起きることを懸念したのではないでしょうか。

ユークリッドは、底角定理の証明を、補助線としての角の2等分線を引いて構成的に行おうとすると、循環論法になってしまうことを知っていたのでしょう。ですから、角の2等分線を引きたくなかった。しかし、パッポスのように図形を裏返すという運動も避けたかったのだと思います。こうして、『原論』に見られるような持って回った証明が行われ、後世「ロバの橋」などという異名をとる証明が出来上がったのだと思います。

6.2 存在定理

ユークリッドの時代から2000年の時がたって、近代数学は否応なしに無限を扱うようになりました。無限を扱うようになると、どうしても非構成的な証明をしなくてはならない命題がたくさん出てきます。

条件を満たすような何かが存在する、という形の定理を一般に存在定理といいます。角の2等分線が存在するというのも存在定理の1つです。これらのうちでもっとも基本になるのは中間値の定理でしょう。

中間値の定理の証明は難しい

中間値の定理は高等学校の教科書にも出てくる重要な定理で、普通は次のように述べられます。

> **中間値の定理** 関数 $y=f(x)$ が区間 $a \leqq x \leqq b$ で連続であり、$f(a)$ と $f(b)$ が異符号ならば、a と b の間に $f(c)=0$ となる c が少なくとも1つは存在する。
>
> (『数学Ⅲ』三省堂)

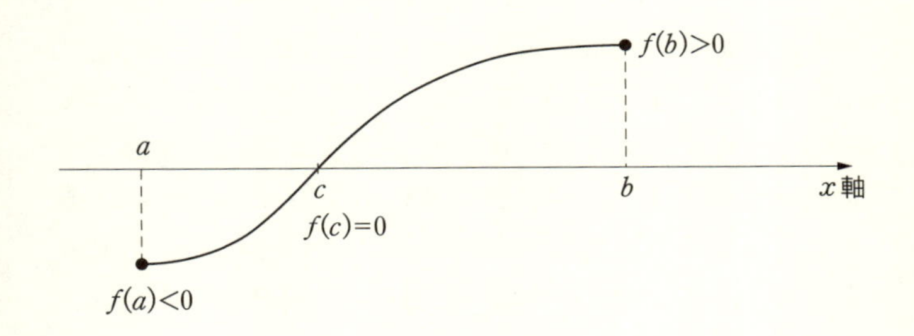

〈図 6.2〉中間値の定理

読んでみれば明らかなとおり、これは典型的な存在定理です。

図 6.2 を見れば、この事実が成り立つことは明らかのように思われます。x 軸をはさんで上と下にある点を一つながりの連続した曲線で結べば、この曲線が x 軸と交わるのは当たり前！　ではないでしょうか。x 軸の下側にある点は、x 軸を通過することなしに x 軸の上側に行くことはできません。しかし、どこで交わるのか、といわれると、交わる点 c をここだと指定することはできそうにありませ

ん。

この定理は高等学校の教科書で述べられていますが、残念ながら証明は書いてないのが普通です。なぜ教科書には証明が書かれていないのか。それは、この定理の証明が「難しい」からです。ただ、ここでいう「難しさ」とは、積分のように複雑な計算を必要とするような難しさではありません。いわば、「当たり前すぎるのでかえって証明するのが難しい」ということなのです。

証明が棚上げされる理由

私たちは本書で、「数学における証明とはどのようなものなのか」を考えてきました。証明とは、ある事実が数学として正しいことを保証する手段です。しかし、それを論証という方法で確かめようとすれば、最終的にはその論証が何を根拠にしているのか、という根元的な問題に突き当たります。

中学校、高等学校では多くの場合、その疑問を棚上げにして論証を進めます。棚上げするのには理由があります。それは、直感的にあまりに明白な事実と思われることや、ほとんどの人が疑問に思わずに認めるだろうと思われることについては、そのまま認めた方がすっきり理解できるということでしょう。

もちろん、対頂角が等しいという定理のように、直感的には明らかで、証明も難しくないものもあります。その場合には、直感的に明らかだ、では済ませず、厳密な証明をすることに意味があります。それは、その証明が簡単であればあるほど、数学において論理の果たす役割とはどのよ

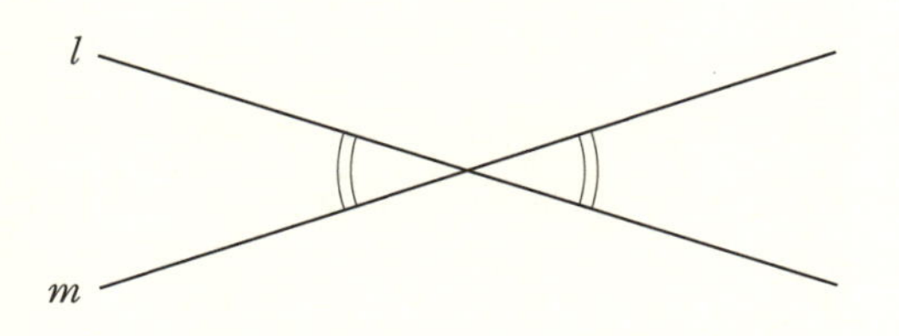

〈図 6.3〉対頂角が等しい

うなものか、を明確にしてくれるからです。

しかし、存在定理の中には、直感的には明らかだがその証明を厳密に行おうとすると、連続性などのもっとも基本的な数学的概念について、深く考察する必要があるものもあるのです。それは、計算手続きの難しさではなく、概念理解の難しさに直結している定理で、その典型的な例が中間値の定理です。その場合、過度な厳密性の要求はかえって数学嫌いを増やす結果になりかねません。

ここには数学が要求する厳密性への１つの反省事項があるようです。

角の2等分線の存在を非構成的に証明する

数学は厳密な学問です。それは5.9節に説明した２等辺三角形の底角定理の証明でも見ることができました。本当に厳密な構成的な証明を要求するなら、じつは中学校教科書の証明は循環論法になってしまう。しかし、角の２等分線の存在を容認するなら、あの証明は立派な証明でした。

では、角の２等分線の存在は非構成的になら確認できるのでしょうか。

できます。それが中間値の定理にほかなりません。5.10節では、角を2つに分ける線を動かして図形的に確認しましたが、中間値の定理を使えば、次のような証明になります。

角の2等分線の存在証明　$\triangle ABC$ の辺 BC の長さを a とし、辺 BC 上の点を P とする。$\angle BAP=\alpha$, $\angle CAP=\beta$ とおく。

P を B から C まで動かすとき、BP の長さを x として、関数

$$f(x) = \alpha - \beta$$

を考える。

このとき、$f(0)=-\beta<0$, $f(a)=\alpha>0$、かつ、$f(x)$ は連続だから、中間値の定理により、0と a の間の c で、$f(c)=0$ となる c がある。このときの点の位置を P とす

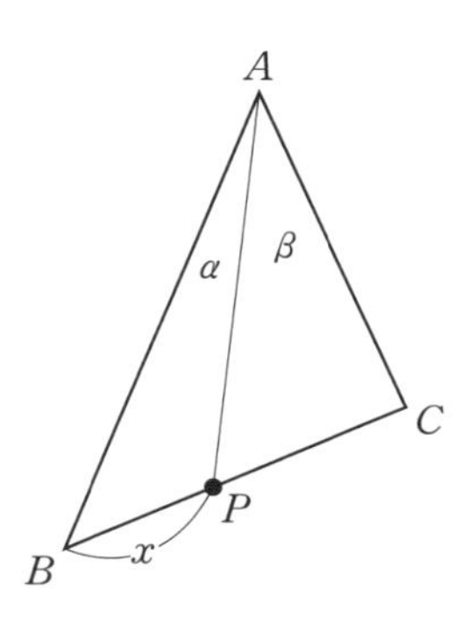

〈図6.4〉角の2等分線の存在証明

れば、AP は $\angle A$ を 2 等分する。　　　　　　　　　（証明終）

このように、中間値の定理を使えば、非構成的に角の 2 等分線の存在が証明できます。

ホットケーキ定理

角の 2 等分線の存在は、多くの人にとっては中間値の定理を持ち出すまでもなく、当たり前のことだと思われます。コップの水を半分に分けられることも、中間値の定理を持ち出すまでもないでしょう。ものを 2 等分するくらいなら、中間値の定理は必要ない？　確かに、ホットケーキを 2 等分しようと思ったら、ナイフをずーっと動かして、2 等分と思われるところでエイヤッと切れば良さそうです。

それでは、あまり当たり前には見えない 2 等分定理の証明を 1 つ紹介しましょう。

> **ホットケーキ定理**　平面上の 2 つのホットケーキを同時に 2 等分する直線が存在する。

ホットケーキとは、平面上のある曲線で囲まれた図形とします。まずは簡単なところから、1 個のホットケーキをちょうど 2 等分する直線はあるでしょうか。

これは中間値の定理を使わなくても、直感的には明らかでしょう。ナイフを任意の直線に平行にずーっと動かしていけば、最初ナイフの右側にあったケーキは、お終いにはナイフの左側にあります。したがって、どこかにちょうど

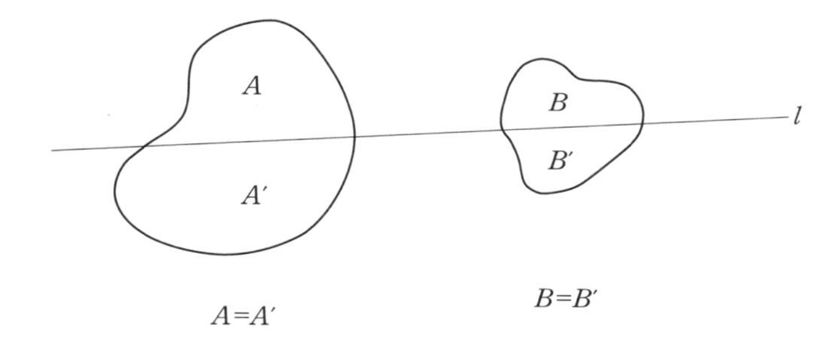

〈図 6.5〉ホットケーキ定理

ホットケーキを半分にする場所があります（存在定理！）。

少し数学的にいえば、ナイフの左側にある部分の面積を S_L、右側にある部分の面積を S_R とし、基準となる直線からのナイフの距離を x として、関数

$$f(x) = S_R - S_L$$

を考えます。ある a, b について $f(a) < 0, f(b) > 0$ となりますから、中間値の定理を使えば、$f(c) = 0$ となる c が a と b の間にあり、そこで切れば $S_R = S_L$ となります。

では、2個のホットケーキを同時に2等分する直線があるでしょうか。今度は、そのような直線の存在は直感的には明らかではありません。

いま、2つのホットケーキ A, B を取り囲む大きな円（お皿？）を考えます。この円の中心を O とし、O を通る直径を PQ としましょう。PQ に垂直で、ホットケーキ A, B をそれぞれ2等分する直線を l_A, l_B とします。l_A と l_B が一致するなら、それが求めるホットケーキ A, B を同時に2

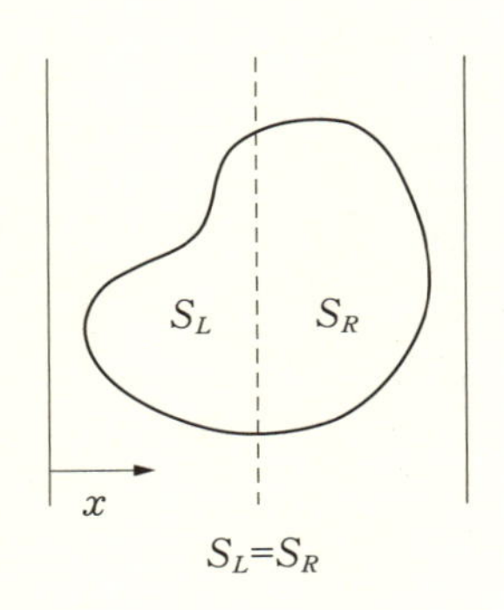

〈図 6.6〉 1個のホットケーキの2等分

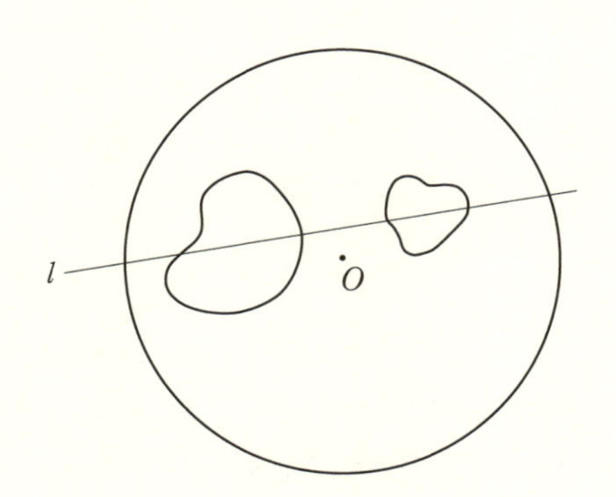

〈図 6.7〉 2個のホットケーキを同時に2等分する直線はあるか?

等分する直線です。l_A と l_B が直径 PQ と交わる点をそれぞれ、H_A, H_B とします。

　ここで点 P を円周上を回転させるとき、次のような関数 $f(P)$ を考えます。

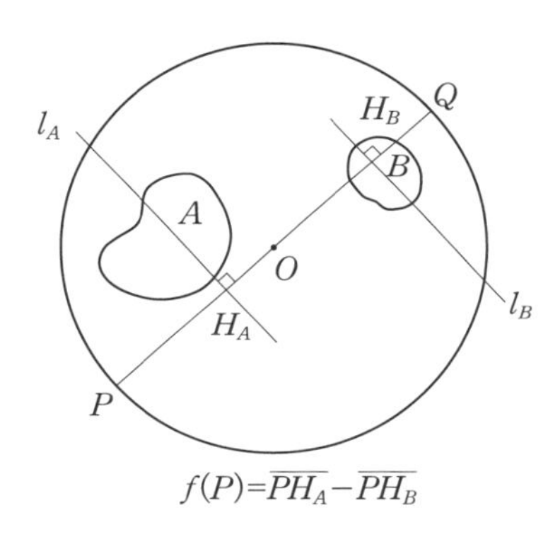

〈図 6.8〉ホットケーキの等分に用いる直線

$$f(P) = (PH_A\text{の長さ}) - (PH_B\text{の長さ})$$

$f(P)=0$ となるような P が存在すれば、P から垂線の足 H_A, H_B までの距離が一致するので、2 直線 l_A と l_B は一致して証明は終わります。

$f(P)=0$ となる P があることの証明 出発点の P で $(PH_A$ の長さ$)-(PH_B$ の長さ$)<0$ と仮定する。点 P を円周上を 180 度回転して、最初の直径 PQ の反対の位置 Q まで動かす。

このとき、直線 l_A, l_B と直径との交点である H_A と H_B の位置は変わらないが、今度は直径の反対側から PH_A の長さと PH_B の長さを測ることになり、$(PH_A$ の長さ$)-(PH_B$ の長さ$)>0$ となる。

したがって、中間値の定理によって、P が円周上を半回

転するうちのどこかで

$$f(P) = 0$$

となる P がある。　　　　　　　　　　　　　　　　　（証明終）

中間値の定理の見事な応用です。存在定理という数学の力を十分に鑑賞してください。

ホットケーキが増えると……

では、平面上の3個のホットケーキを同時に2等分する直線が存在するでしょうか。

余談ですが、数学を楽しむためには、何か問題が解けたら、それが別の形で一般化できないだろうか、と考えてみることはとても有益です。これは数学を楽しむ1つの方法と言えるでしょう。

いまの場合も、ホットケーキの数を増やしてみることは1つの一般化です。じつは、3個のホットケーキを1本の直線で同時に2等分することは、一般には不可能です。なぜでしょうか。簡単なので、少し考えてみてください。

さて、ホットケーキ定理の証明では、関数 $f(P)$ が連続関数であることが必要です。点 P が円周上を動くとき、直径も連続的に回転していき、それに伴って、直径に垂直でそれぞれのホットケーキを2等分する直線も連続的に変わっていきます。したがって、関数 $f(P)$ も連続関数になります。

では、この「当たり前すぎてかえって難しい」中間値の定理はどう証明されるのでしょうか。

次節では、解析学での存在定理の代表として、中間値の定理の証明を少し詳しく紹介します。数学における厳密な証明とはどのようなものなのかを鑑賞してください。

6.3 中間値の定理

中間値の定理は実数や関数の連続性と深く関わっています。実際、実数や関数が連続だからこそ、ずーっと変化していく値はピョンと跳ぶことなく、図6.2のようにx軸と交わるのです。連続でなければ、x軸を飛び越すことがあるかもしれません。

ところで、実数が連続であることは、数直線のイメージで感覚的に納得できます。直線が一つながりの連続的な図形であることは、直感的には明らかですから、このイメージに寄りかかることにすれば、実数が連続であることは直感的には理解できます。

しかし、数直線の力を借りずに、実数が連続であることをどのように定義したらいいのかは大問題となります。さらに直線がどうして連続なのか、という疑問を持ってしまうと、「それは実数が連続だから」ということになりかねず、循環論法になってしまうでしょう。

実数の連続性という抽象的な概念と、直線が連続であるという直感的な図形的なイメージとは、あたかもトランプカードの家のように、一組になってお互いを支え合っている構図と言えると思います（図6.9）。実数の連続性は直線の連続性のイメージで支えられ、直線の連続性のイメージ

〈図 6.9〉互いに支え合うトランプカードの家

は実数の連続性によって構造化されるということです。

この互いに支え合う構図は、実数や関数の連続性を初めて学ぶ人にとっては、とても大切なイメージですし、高校生なら、このイメージだけで数学の基礎としては十分に役立ちます。

しかし、何回も述べてきたように、数学が説明責任を立派に果たすためには、実数の連続性の構造的な理解がどうしても必要なのです。

実数の連続性とは

自然数がとびとびの値しかとらないことは明らかです。1と2の間には自然数はありません。

一方、有理数（分数）はちょっと見ると一つながりになっているように見えます。たとえば、1/2と1/3の間にも

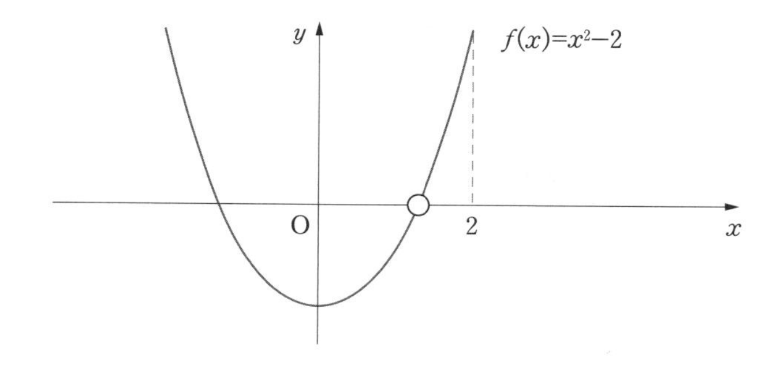

〈図 6.10〉中間値の定理不成立

無限にたくさんの分数があります。有理数（の長さ）だけを取っていっても直線は無限の点で埋まり、これだけで数直線を考えても別に困ることはないように思えます。しかし数の中には、$\sqrt{2}$ のような無理数もあります。繋がっているように見える有理数だけの数直線は、じつは $\sqrt{2}$（などの無理数の点）で途切れているのです。

無理数を知らない人間にとっては、関数 $f(x)=x^2-2$ で x を0から2までずーっと動かすとき、関数の値は出発点では $f(0)<0$、終点では $f(2)>0$ になりますが、途中で0となる c はありません。

実数の連続性が数学できちんと意識されるようになったのは、19世紀になってからでした。実数の連続性の公理としては、デデキント（デーデキント）による「切断」という方法がよく知られています。切断とは文字通り、数直線を「切る」ことで、その切り口として実数を定義する方法です。

実数の連続性の公理には、デデキントの切断と同値ないくつかの方法があります。本書では、中間値の定理を証明するのに、「有界集合の上限の存在」を公理として採用します。

デデキントの切断については、デーデキント『数について』(河野伊三郎訳、岩波文庫) が原論文として日本語で読めます。この本は副題を「連続性と数の本質」といい、実数の連続性について、数学として初めて踏み込んだ歴史的な名著です。ただ、記述はいかにも古典的なので、もう少しかみ砕いた解説がいいと思う人は、拙著『「無限と連続」の数学』(東京図書) を参照してください。こちらはもう少しやさしく現代風に、実数や関数の連続性について解説しています。

有界集合とその上限

ここで、実数の連続性を考える上で重要な、「有界」という概念を定義しておきましょう。

R を実数の集合とし、その部分集合を A とします。

> **定義** A が上に有界であるとは、A に入るすべての x について、常に $x \leqq m$ となる定数 m が存在するときをいう。

数学用語の生硬さが出ているような定義でしょうか？

もう少しやさしく言いかえると、集合 A が上に有界とは、A に入るどんな数 x でも、ある一定の数 m を超えないときをいいます。m は x の選び方に無関係に決まる定数です。このmのことを集合Aの上界といいます。集合Aの上界は1つには決まりません。ある集合Aが上に有界で、mがAの上界なら、mより大きな数はすべて集合Aの上界です。上界mはAに入っていることもあるし、入らないこともあります。

たとえば、負の数全体Aは上に有界です。0は上界の1つです。もちろん、1も2もAの上界となっています。この場合は、上界はAには入りません。一方、自然数全体は上に有界ではありません。どんな数mをとってきても、それより大きな自然数が存在します。

$A=\{x|0\leqq x\leqq 1\}$は上に有界で、1は上界の1つです。この場合は1はAの中にあります。一方、$B=\{x|0<x<1\}$も上に有界で、1はその上界の1つです。しかし、今度は1はBの中には入っていません。$\leqq$と$<$の違いに注意してください。

このように、上に有界な集合の上界はたくさんあるので、私たちに関心があるのは、一番小さい上界です。

定義 Aが上に有界であるとき、その上界に最小数があるなら、その最小上界をAの上限という。

例 (1) 負の数全体の上限は0

(2) $\{x|0\leqq x\leqq 1\}$の上限は1

(3) $\{x|0<x<1\}$の上限は1

これらの例で見るように、実数の有界集合には上限がありそうです。上限はその集合の中になくてもよいことに注意しましょう。ところが、有理数だけを考えると、有界集合であっても上限が存在しないものがあるのです。

上限がない有界集合もある

例 有理数だけの数直線を考える。正の有理数のうち $x^2 \leqq 2$ を満たすもの全体を A とする。

$$A = \{x | x \text{ は有理数で、} x > 0 \text{ かつ } x^2 \leqq 2\}$$

A は上に有界な集合で、2はその上界の1つである。ところが、A は上限すなわち最小上界を持たない。

上限は $\sqrt{2}$ だと言いたいのですが、残念ながら $\sqrt{2}$ は有理数ではないので、有理数だけを考えているときは、この A には上限が存在しないのです。つまり、有理数 m を A の上界とすると、必ず m より小さい A の上界が存在するのです。A という集合を決めたとき、無理数という言葉がどこにも使われていないことを確認しておきましょう。集合 A は有理数の言葉だけで決めることができる有界集合なのですが、有理数の中では上限を持たないのです。

上限を持つことの証明

では、実数の中では、どんな集合も上に有界なら上限を持つことが証明できるのでしょうか。

いままでに見てきた例では、実数のどんな部分集合も、上に有界であれば上限を持つようです。上に有界でありながら、上限を持たない実数の集合を考えることはできそうにありません。もしも、上に有界なら、必ず上限があるという事実が正しいのなら、その証明はどうなっているのでしょうか。

この問いかけは少し難しい問題を含んでいます。

答えは、証明できるとも言えるし、できないとも言えるということなのです。

実数の連続性の公理はいくつかあり、そのどれも同値です。つまり、どれか１つの公理を採用すれば、あとの「公理」は採用した公理から「定理」として証明できます。

多くの場合は、前に述べたデデキントの切断公理を採用するようです。これを使えば、上に有界な集合の上限の存在が定理として証明できます。また、「上に有界で単調増加な数列 a_n $(n=1, 2, 3, \cdots)$ は必ず極限値を持つ」という公理もよく採用されます。詳細は前にあげた拙著『「無限と連続」の数学』を参照してください。

本書では、実数における「有界集合の上限の存在」を実数の連続性の公理として採用し、証明抜きで使うことにします。

公理 上に有界な実数の部分集合には上限が存在する。

さて、この公理を採用すると、中間値の定理が証明できるのですが、そのためにはもう１つ、関数が連続とはどういうことか、についての少し詳しい分析が必要です。

関数が連続であるということ

関数が連続とは、「そのグラフが一つながりの曲線になっていること」、普通はこの理解で十分でしょう。一つながりの曲線という言葉は、私たちの持つ連続性のイメージを十分に表現しているように思えます。

しかし、少し分析的な人なら、この「定義？」が連続という言葉を一つながりとか曲線とかいう言葉に置きかえただけで、なんのことはない、分からない言葉が「連続」から「一つながり」「曲線」と2つに増えただけだ！　と見破るでしょう。実数の連続性を直線が連続であるというイメージに置きかえたのと同じです。

繰り返しておきましょう。数学を論理として厳密に展開しようとするなら、イメージによる理解をきちんとした構造的な理解にかえていく必要があります。連続という概念もその例外ではありません。ここに難しさがあるのです。

連続であることを見るには、反対に不連続とはどういうことかを見ると分かりやすいと思います。

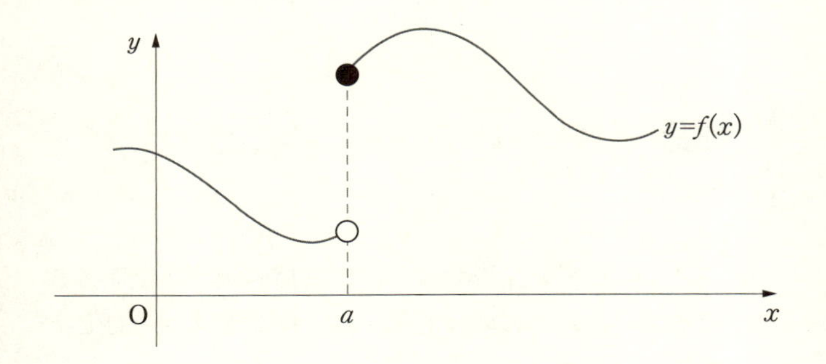

〈図 6.11〉グラフが不連続

図6.11を見ると、曲線が不連続とは、ある点の近くで突然その点から離れた点が出てくることです。これを踏まえて、関数が連続であるということを数学では次のように定義します。

> **定義** 関数$y=f(x)$が$x=a$で連続であるとは、どのような正数ε（イプシロン）に対しても、
>
> $$|x-a|<\delta \quad \text{なら} \quad |f(x)-f(a)|<\varepsilon$$
>
> となるような正数δ（デルタ）がとれることを言う。

つまり、どんな小さな正の数εについても、$x=a$の十分近く（$a-\delta<x<a+\delta$の範囲）をとれば、$f(x)$の変動をそのεより小さくおさえられる（$f(a)-\varepsilon<f(x)<f(a)+\varepsilon$）ことを言います。

この定義は普通ε-δ論法と言い、大学初年次の学生が学ぶ数学の中では、分かりにくいものの代表例とされてきました。しかし、この定義はそれほど不自然なものではありません。「xの変動を小さくすれば、$f(x)$の変動をいくらでも小さくできる」ということは、関数の値が急に飛び跳ねることがないという事実をうまく摑まえています。あるいは、工学的な比喩を使えば、「誤差をε未満に抑えたければ、入力の精度をδ未満にまで高めておけばよい」ということです。

連続関数の値は飛び跳ねない

連続関数の値が急に飛び跳ねることはない、という事実

は次の定理ではっきりとします。

定理 関数 $y=f(x)$ が連続で $f(a)>0$ なら、a の十分近く ($a-\delta<x<a+\delta$) では $f(x)>0$ となる。負の値についても同じ。

この定理で大切なことは、0 という数の特殊性です。$f(a)=0$ となる a の近くでは、関数の値がどうなっているのかについて、いろいろな場合があり得ます。それは、0 が正の数と負の数の境目だからです。しかし、関数の値 $f(a)$ が正であれば、それがどんなに小さい (0 に近い) 値であっても、0 との間には必ず隙間があります。ですから、a の近くで x の変動 ($=\pm\delta$) を小さくしさえすれば、関数の値 $f(x)$ は 0 と $f(a)$ の隙間に入り込み、$f(x)$ がいつでも正になるようにできるのです。

では証明しましょう。

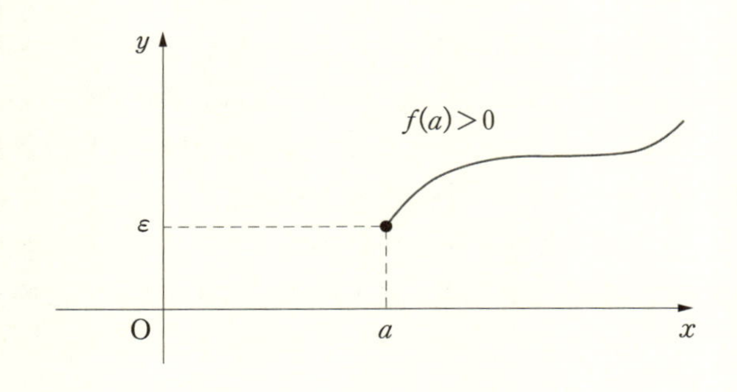

〈図 6.12〉 関数の値が正

証明　$f(a)>0$とし、$f(a)=\varepsilon$とする。このとき、関数の連続性の定義から、

$$|x-a|<\delta \quad \text{なら} \quad |f(x)-f(a)|<\varepsilon$$

となるようなδがとれる。

すなわち、

$$a-\delta<x<a+\delta \quad \text{なら、}$$
$$f(a)-\varepsilon<f(x)<f(a)+\varepsilon$$

となる。

$f(a)-\varepsilon=0$だから、この範囲で、$0<f(x)$である。負の場合も同じ。（証明終）

この定理の証明は、関数の連続性の定義そのものと言ってもいいくらいに基本的なものです。この性質が連続関数の性質の一番の基礎になり、とても豊かな結果を生み出します。その１つが中間値の定理にほかなりません。その意味でも、ε-δ論法のもっとも基本的な使い方であるこの証明を、じっくりと味わっていただきたいと思います。難しい個所はありませんが、これが、高校までの数学と大学で学ぶ数学の違いを典型的に表す証明の１つだと思います。

中間値の定理の証明

これで中間値の定理を証明する準備ができました。この証明は、解析学における非構成的な証明の典型的な例です。実数と関数の連続性がどのように使われるのかを鑑賞してください。

中間値の定理の証明　関数 $y=f(x)$ は連続で、$f(a)<0$, $f(b)>0$ ($a<b$) とする。次のような集合 A を考える。

$A=\{x|a\leqq x$ で、$a\leqq p\leqq x$ である p については、常に $f(p)<0\}$

このとき、$f(b)>0$ だから b は A の上界の１つで、A は有界である。ここで、数 m が集合 A の上界になるのは、$a\leqq c\leqq m$ で、$f(c)\geqq 0$ となる数が少なくとも１つあるときである（$f(m)>0$ となる m は必ず集合 A の上界ですが、$f(m)<0$ でも m が集合 A の上界になっている可能性があることに注意してください）。

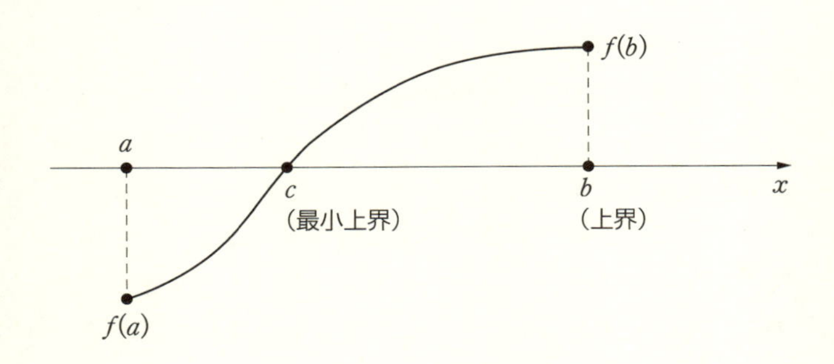

〈図 6.13〉関数の上界

したがって、実数の連続性（有界集合の上限の存在）より、A の上限（最小の上界）c が存在する。

この c について、$f(c)=0$ であることを示そう。

そのために、c が A の上限であるとはどういうことかをもう一度確認しておこう。

(1) $a<m<c$ である数 m は A の上界にならない。
(2) $c<m$ である数 m は A の上界の1つになる。

証明は背理法による。
(1) $f(c)>0$ とする。
したがって、前に証明した定理より、

$$c-\delta < x < c+\delta \quad \text{なら} \quad f(x) > 0$$

となる正の数 δ が存在する。
このとき、$c-\delta<m<c$ なる m について、$f(m)>0$ となり、m は A の上界の1つである。これは、c より小さい m は A の上界にならないことに反する。
(2) $f(c)<0$ とする。
したがって、前に証明した定理より、

$$c-\delta < x < c+\delta \quad \text{なら} \quad f(x) < 0$$

となる正の数 δ が存在する。
このとき、$c<m<c+\delta$ なる m について、$x \leqq m$ なら常に $f(x)<0$ だから、m は A の上界にならない。これは、c より大きい m は A の上界となることに反する。
以上から、

$$f(c) = 0$$

である。 (証明終)

以上が、実数と関数の連続性を使った中間値の定理の証明です。鑑賞すべき点をもう一度整理しておきましょう。

(1) 証明は純粋に論理的で、実数の連続性の公理（有界集合の上限の存在）のみを用いている。直線が一つながりであるという、幾何学的なイメージに寄りかかっていない。

(2) 計算などの煩雑な手続きは使わないが、連続性、有界性などについての厳密な定義と考察が必要である。

(3) 最終的な証明は背理法によっている。上限 c で $f(c)=0$ にならないとすると矛盾するので、$f(c)=0$ になる。

(4) 証明は非構成的で、$f(c)=0$ となる c の存在は証明されたが、c が具体的に求まったわけではない。実際は、この証明で求まった c は、x が a からだんだん増加していくとき、最初に $f(c)=0$ となる c で、このほかにも $f(x)=0$ となる x はあるかもしれない。

最後の登頂が背理法によっていることは、十分に注意しましょう。

私たちは有限の対象を相手にする場合、原理的にはすべての場合を調べつくすことによって証明が可能です。もちろん、これはあくまで「原理的には」という話であり、ちょっと大きな数の場合には場合分けを実行することは不可能でしょう。

ましてや、相手が無限の場合、すべてを調べつくすことは原理的に不可能です。関数が整数だけを変数とする場合、$f(m)<0$ で $f(n)>0$ のときには、$m+1$ から $n-1$ のすべての整数 l について、$f(l)$ の値を調べれば、どこかの整数 k で $f(k)=0$ となるかどうかが確認できるでしょう。

残念ながら、$f(k)=0$ となる k はないかもしれません。したがって、変数が整数値だけの場合は、普通の形の中間値の定理が成立しないことが、いわばしらみつぶしの方法で証明できます。しかし、変数がすべての実数を動くときは、この方法で証明することは不可能です。

解析学の基礎における証明が、本質的に背理法によっているのは、それが私たちが無限を数学として取り扱うときの、ある意味ではただ1つの方法だからなのです。

また、中間値の定理の証明が非構成的であることにも十分に注意を払うべきでしょう。

中間値の定理により、正の値も負の値もとる連続関数に対しては、$f(x)=0$ となる x の存在が証明できます。しかし、数学では、「条件を満たす対象がある」ということと「条件を満たす対象が求まる（構成できる）」ということを厳密に区別します。あるのなら求まるだろう、というのは常識が教えてくれるところです。ところが、残念ながら、存在することは証明できても具体的に求める手段がないというのは、数学ではよくある（！）ことなのです。

6.4 不動点定理とは

中間値の定理を用いた存在定理の例をもう1つ紹介しましょう。ブロウエルの不動点定理といい、応用範囲が広い定理です。

実数から実数への関数 $y=f(x)$ について、$f(x)=x$ となる値 x をこの関数の不動点といいます。関数は不動点を持つこともあるし、持たないこともあります。たとえば、関数 $y=x^2$ なら $x=0, x=1$ が不動点です。それは、方程式 $x^2=x$ を解けば求まります。一方、関数 $y=e^x$ は不動点を持ちません。

どんな条件の下で関数は不動点を持つだろうか、というのが問題で、その解答の1つがブロウエルの不動点定理です。

ブロウエルの不動点定理の証明

> **ブロウエルの不動点定理** $I=\{x|0\leqq x\leqq 1\}$ とする。このとき、I から I への連続関数 $f(x):I\to I$ は不動点を持つ。

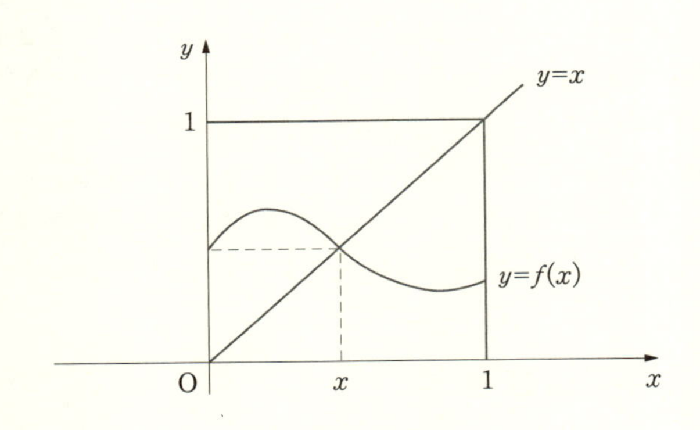

〈図 6.14〉不動点定理

この定理の直感的な内容は次の通りです。

関数の定義域、値域がともに $0\leqq x\leqq 1$ という区間ですから、$y=f(x)$ のグラフは正方形 $I^2=\{(x, y)|0\leqq x\leqq 1, 0\leqq y$

$\leqq 1\}$ の中に入っていて、向かい合った縦の辺を結ぶ連続曲線になっています。したがって、この曲線は正方形の対角線 $y=x$ と必ず交点を持ちますが、その交点は関数 $f(x)$ の不動点になっているはずです。

こう考えると、これはまさしく中間値の定理の変形であることが分かるでしょう。中間値の定理の x 軸が直線 $y=x$ にあたります。証明も中間値の定理を使えば容易に分かります。

証明 連続関数 $f(x):I \to I$ を考える。

もし $f(0)=0$ または $f(1)=1$ なら、$x=0$ または $x=1$ が不動点になるから証明は終わる。そこで、$f(0)>0$ かつ $f(1)<1$ とする。

関数 $F(x)=x-f(x)$ を考えよう。

$F(x)$ は連続関数で、$F(0)=0-f(0)<0$ かつ $F(1)=1-f(1)>0$ である。

したがって、中間値の定理から、$F(c)=0$ となる c $(0<c<1)$ が存在し、

$$f(c)=c$$

である。（証明終）

簡潔な証明です。ブロウエルの不動点定理の証明を見ると、もともとの中間値の定理の証明がずっと難しく感じるのではないでしょうか。ここにも、解析学のもっとも基礎となる連続性の概念の難しさが現れています。

さらに、直感的な理解と数学的な証明との感覚の違いが

分かると思います。証明という数学的な保証書を、どのような形でどの時点で発行するかというのは、直感と論理という数学の理解と数学の学び方に関わる大きな問題なのです。

高次元の不動点定理

ところで、この定理は高次元のブロウエルの不動点定理に一般化されます。

$$I^n = \{(x_1, x_2, \cdots, x_n) \,|\, 0 \leqq x_i \leqq 1, i=1, 2, \cdots, n\}$$

を n 次元立方体といいます。$n=1$ なら線分、$n=2$ なら正方形、$n=3$ なら立方体、$n=4$ なら 4 次元の超立方体（！）です。線分や正方形を 1 次元立方体、2 次元立方体と呼ぶのは、少しおかしな感じがするかもしれませんが、これも数学用語の使い方の一種です。

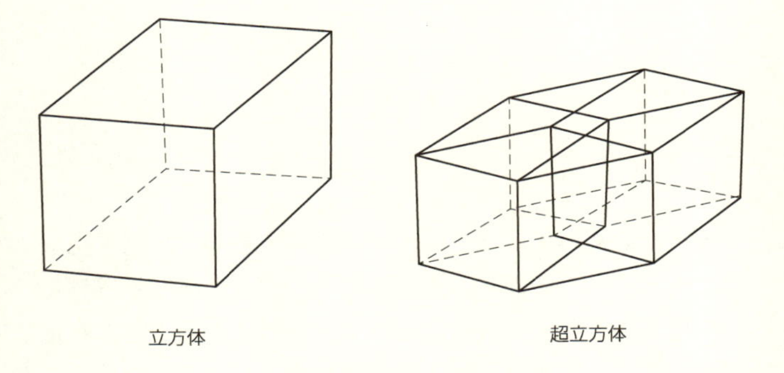

〈図 6.15〉 立方体と超立方体

このとき、関数 $f(P):I^n \to I^n$（この場合は関数といわず写像というのが普通です）は少なくとも1つ $f(P)=P$ となる点を持つ、というのが高次元化されたブロウエルの不動点定理で、これは典型的な存在定理の1つです。

高次元の不動点定理 写像 $f(P):I^n \to I^n$ は少なくとも1つ不動点を持つ。

ブロウエルの不動点定理は n 次元立方体と同様に、n 次元球体

$$B^n = \{(x_1, x_2, \cdots, x_n) \mid x_1{}^2 + x_2{}^2 + \cdots x_n{}^2 \leqq 1\}$$

についても成り立ちます。

証明には背理法を用いますが、ホモロジー理論というトポロジーの理論を必要とするので、本書では残念ながら証明は省略します。興味がある方は拙著『トポロジー:柔らかい幾何学』（日本評論社）を参照してください。

以上で解析学の証明の鑑賞を終わります。無限を相手とした非構成的な証明が、背理法をどのように駆使して行われるのかを鑑賞し、背理法という数学の証明が無限という怪物とどう切り結んできたのかを十分に味わってください。

ところで、構成的、非構成的という視点は解析学だけでなく、数学全体の証明を通して大切な考え方です。次章ではそれを代数学の視点から考察します。

第7章

式は語る
——代数学の証明

7.1 方程式の解の公式

教条主義的なことをいえば、代数学とは無限を扱わず、有限の立場で演算や方程式の解などを考察する数学です。代数学と解析学を分かつのは無限の取り扱い方で、代数学では四則演算と n 乗根の演算が基本なのに対して、解析学では四則に加えて極限演算を扱います。

無限を扱うことで、証明がどのように変化していったかについては、前章で少し詳しくお話ししました。大切だったのは、特に極限の一番の基礎の部分で証明は非構成的にならざるを得ない、ということです。その典型的な例が、中間値の定理のような存在定理でした。条件を満たす対象があることは間違いないが、それを具体的に作ることができない、というタイプの証明です。

代数学の場合、構成的にできている証明がたくさんあります。その典型的な例が、中学生が学ぶ2次方程式の解の公式です。この公式は決して難しいものではなく、高校生なら常識として知っているはずです。もっとも、それが知識として定着しているかどうかは別問題で、日頃2次方程式の解の公式を使わない人なら、大学教員といえども専門分野が違うとかなりあやふやのようで、「確か $2a$ 分のむにゃむにゃ……」という人も大勢います。そのことは別に非難されるわけではありません。多くの知識は、人の生活の中でそれぞれの場を得て役立っています。2次方程式の解の公式が日常生活の中で使われなかったからといって、それが役に立たなかったわけではありません。

2次方程式の解の公式は、代数学という数学の典型的な考え方として、その後の数学を学ぶ役に立っています。また、抽象的に記号を駆使してものごとを考えるとはどういうことか、を学ぶ教材としてとても役に立っています。そのことはここでしっかりと確認しておきたいと思います。

4倍法──2次方程式の解の公式の導き方

それはそれとして、念のため、2次方程式の解の公式をもう一度書いておきましょう。

2次方程式の解の公式　2次方程式 $ax^2+bx+c=0$ の解は

$$x=\frac{-b\pm\sqrt{b^2-4ac}}{2a}$$

で与えられる。

この公式が、2次方程式の解を方程式の係数を使って与えていることに注意してください。方程式が与えられるとは、方程式の係数が与えられるということです。したがって、この公式は2次方程式の解を具体的に与えているのです。つまり、この公式によって解を計算することができます。解が計算できるということは、別の言葉で言えば、解を係数の式として具体的に構成することができるということです。その意味でこの公式は構成的です。

中学校ではこの公式を導くために、普通は x^2 の係数を1にする、すなわち両辺を a でわることから始めます。もちろん、4.1節の「文字式の計算も証明の一種」の項で計算したとおり、そのやり方で公式は導けます。しかし、多くの中学生にとって、文字式の分数は慣れないうちは変形が難しいようです。ここでは別の方法での解の公式の導き方を紹介しましょう。

解の公式の導き方 2次方程式の解の公式を求める。

$$ax^2+bx+c=0$$

の両辺に $4a$ をかけると、

$$4a^2x^2+4abx+4ac=0$$
$$(2ax)^2+4abx=-4ac$$

となる。よって、左辺を平方完成するために両辺に b^2 を加えて

$$(2ax)^2+4abx+b^2=b^2-4ac$$
$$(2ax+b)^2=b^2-4ac$$

両辺の平方根をとり、

$$2ax+b=\pm\sqrt{b^2-4ac}$$
$$2ax=-b\pm\sqrt{b^2-4ac}$$

よって、解の公式

$$x=\frac{-b\pm\sqrt{b^2-4ac}}{2a}$$

を得る。

この方法だと、変形の途中で文字を含んだ分数式を扱わずに済むので、中学生にとって計算が少し楽になるようです。

この式変形を図 7.1 のように表すと、さらに分かりやすくなります。これは東京のベテラン中学校教員が考案したもので、長方形を 4 倍するので 4 倍法と呼ばれています。ただし、最初に $4a$ をかけるのはいささか天下り式です。これは、一度解の公式を学んだ後で、公式をよく見るとこういうことだったのか、と理解したからこそ導ける表し方です。いわば「帰り道の目」による証明なのですが、多くの中学生が、平方完成を単なる技術として学ぶことを考え

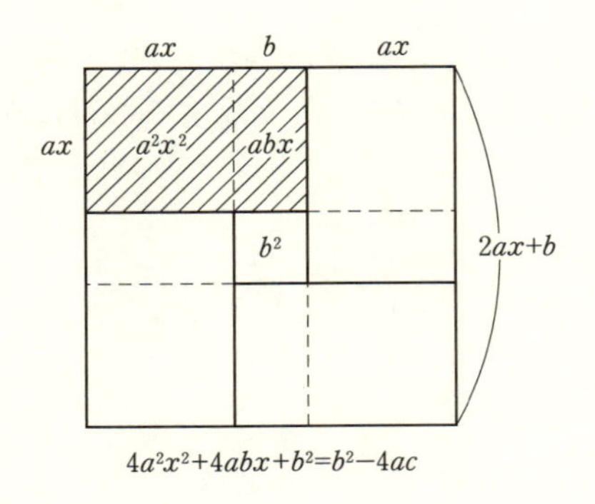

〈図 7.1〉4倍法

ると、そのイメージ化はとても優れていると思います。

この2次方程式の解の公式が、与えられた方程式の係数についての四則、開平の演算で作られていることをもう一度確認しておきましょう。この公式は単に解の計算方法を表しているだけではありません。2次方程式には解が存在する、ということを構成的に証明していると考えられます。2次方程式に解が存在するかどうか、だけではなく、具体的な解の求め方までも示している点に解の公式の重要な意味があります。

高次方程式の解の公式

私たちは中学校に入るとまもなく、1次方程式 $ax+b=0$ を学び、その解が $x=-b/a$ となることを知ります。これは1次方程式の「解の公式」と呼んでいいものですが、あまりに簡単すぎて普通は解の公式とは言いません。

しかし、この簡単な公式でさえも、どのような1次方程式にも必ず解が存在することの構成的な証明ととらえることもできます。2次方程式になると適度に難しいので、解の公式と呼ぶにふさわしい式になるのです。

では、3次、4次などの方程式にも解の公式があるのでしょうか。これはとても難しい問題でした。高次方程式の解の公式をめぐる数学史の話は、それだけでもとても興味深く、数学の面白さを知ることができる話題です。

結果だけを記すと、3次方程式の解の公式は、末期ルネサンスの16世紀半ばにタルタリアによって発見されました。2次方程式の解法が、紀元前2000年頃のバビロニアではすでに知られていたことを考えると、3次方程式を解くことがいかに難しかったのかが分かります。もっとも、数学での文字の使用はずっと後になってからなので、バビロニアの2次方程式の解法は、現在のような解の公式ではなく、具体的な方程式の一般的な解き方を言葉で書き表したものでした。

3次方程式の解の公式は、タルタリアが秘密にしていた公式を著書の中で発表してしまった数学者の名前をとって、現在ではカルダノの公式として知られています。4次方程式の解の公式は同じ頃カルダノの弟子のフェラーリによって発見されました。

しかし、不思議かつ面白いことに、5次以上の方程式には解の公式が存在しなかったのです。

5次方程式の解を、方程式の係数を使って四則とベキ根の演算で表すことはできない。この事実を最初に証明したのはノルウェーの若き数学者アーベルで、19世紀初めのことでした。

高次方程式の解については、その後フランスの天才数学者ガロアによってさらに研究され、今日「ガロア理論」と呼ばれる数学に成長しました。ガロア理論はいまでは方程式論の分野だけではなく、現代数学の一角を占める見事な数学に発展しています。

関心のある方は3次方程式の解の公式をめぐっては、ハル・ヘルマン『数学10大論争』(三宅克哉訳、紀伊國屋書店)や拙著『はじめての現代数学』(ハヤカワ文庫NF)などを、5次以上の方程式についてはピーター・ペジック『アーベルの証明』(山下純一訳、日本評論社)やイアン・スチュアート『明解ガロア理論　原著第3版』(並木雅俊・鈴木治郎訳、講談社)、草場公邦『ガロワと方程式』(朝倉書店)などをご覧ください。また、金重明『13歳の娘に語るガロアの数学』(岩波書店)は、和算小説『戊辰算学戦記』(朝日新聞社)の著者が中学生とガロア理論に挑戦した、とても面白い解説書です。

方程式の解の存在を示す定理

では、方程式に解があるかどうかについてはどうなのでしょうか。もう一度、数学では「存在するかどうか」と「求まるかどうか」には重要な質的な違いがあることを確認しておきましょう。じつは方程式の解の存在については、次の重要な定理が成り立つのです。

> **代数学の基本定理**　複素数を係数とする n 次方程式 $a_n x^n + a_{n-1} x^{n-1} + \cdots + a_1 x + a_0 = 0$ は複素数の範囲で必ず解をもつ。

方程式の係数は複素数にするのが普通で、ここでも係数は複素数で、x も複素数の中を動くとします。

この定理は不世出の大数学者ガウスによって、18世紀の終わりに証明されました。

これが典型的な存在定理の形をしていることに注意しましょう。この定理は n 次方程式の解の公式を与えているのではありません。方程式 $f(x) = a_n x^n + a_{n-1} x^{n-1} + \cdots + a_1 x + a_0 = 0$ について、$f(\alpha) = 0$ となる複素数 α が少なくとも1つは存在することを主張していますが、α が具体的に求まるかどうかは分からないのです。少なくとも1つ解が存在することが分かれば、因数定理によって、n 次方程式には重複も含めて n 個の解があることが分かります。

ガウスはこの証明を学位論文として書き上げましたが、生涯にわたって基本定理に関心を持ち続け、4 通りもの証明を見つけています。

連続性に基づく基本定理

ところで、代数学の基本定理には不思議な側面があります。

この章の最初で、代数学は直接的には無限を取り扱わない、四則や n 乗根という計算手続きについての数学だといいました。その代数学の基本定理なのですから、証明は当然代数的な手続きで行われるだろうと思います。ところが、基本定理の証明で純粋に代数的なものは、さらに進んだ代数学の概念を必要とするのです。

初めて出会う基本定理の証明には、どこかで実数の連続性を基礎にした概念が使われることが多いのです。実数の連続性が初等的かどうかは議論のあるところでしょう。ですから、基本定理の証明にはいろいろな方法がありますが、どれもその意味ではあまり初等的ではありません。

証明の準備のために、少し予備的な考察をしてみましょう。

最初に実数を係数とする奇数次の方程式について考えます。

n 次方程式の一般形は $a_nx^n+a_{n-1}x^{n-1}+\cdots+a_1x+a_0=0$ ですが、全体を a_n で割っても解に影響はないので、方程式の標準的な形を、x^n の係数を 1 として、

$$x^n + a_{n-1}x^{n-1} + \cdots + a_1 x + a_0 = 0$$

としておきます。

関数

$$f(x) = x^n + a_{n-1}x^{n-1} + \cdots + a_1 x + a_0$$

を考えます。これを

$$f(x) = x^n\left(1 + \frac{a_{n-1}}{x} + \frac{a_{n-2}}{x^2} + \cdots + \frac{a_1}{x^{n-1}} + \frac{a_0}{x^n}\right)$$

と変形してみます。

x の絶対値をどんどん大きくすると、

$$\lim_{x \to \pm\infty}\left(\frac{a_{n-1}}{x} + \frac{a_{n-2}}{x^2} + \cdots + \frac{a_1}{x^{n-1}} + \frac{a_0}{x^n}\right) = 0$$

なので、x の絶対値が大きいところでは、関数 $y = f(x)$ は関数 $y = x^n$ とだいたい同じ振る舞いをすることが分かります。

n を奇数としましょう。すると、

$$\lim_{x \to -\infty} x^n = -\infty, \qquad \lim_{x \to \infty} x^n = \infty$$

ですから、$y = f(x)$ は必ず負の値と正の値をとることがあります。したがって、中間値の定理から、

$$f(c) = 0$$

となる実数 c が少なくとも1つは存在することが分かります。この c が方程式の解です。

定理　実数係数の奇数次方程式 $a_n x^n + a_{n-1}x^{n-1} + \cdots$

$+a_1x+a_0=0$ は少なくとも1つ実数の解をもつ。

ここで少し寄り道をして、中間値の定理と方程式の解についてちょっと別の視点から眺めてみます。

7.2 方程式の解と区間縮小法

6.3節で、実数の連続性の公理にはいろいろなものがあることをお話ししました。本書では「有界集合の上限の存在」を公理として採用して、中間値の定理を証明しました。実数の連続性の公理の1つに「区間縮小法の原理」があります。これについて説明しましょう。

区間縮小法の原理と実数の連続性の公理

新しい公理を説明する前に、いくつか前提となる知識を導入しておきます。

a 以上で b 以下の数の集まり

$$\{x|a \leqq x \leqq b\}$$

を閉区間といい、$[a, b]$ で表します。閉というのは両端が区間内に入っているという意味です。ちなみに両端が区間内に入らない

$$\{x|a < x < b\}$$

を開区間といい、(a, b) という記号で表します。

ここで、区間 $[a, b]$ が区間 $[c, d]$ を含んでいるとき

$$[a, b] \supset [c, d]$$

という記号で表します。

中へ中へと縮まっていく無限個の閉区間の列

$$[a_1, b_1] \supset [a_2, b_2] \supset \cdots \supset [a_n, b_n] \supset \cdots$$

で、区間の長さ（両端の距離）$b_n - a_n$ が0に縮まっていくものを、閉区間の縮小列といい、ここでは

$$\{[a_n, b_n]\}$$

と書くことにします。

このとき、区間縮小法の原理による実数の連続性の公理は次のように表せます。

公理 区間縮小法の原理 実数の集合において、閉区間の縮小列 $\{[a_n, b_n]\}$ は、すべての閉区間に共通な、ただ1つの実数 c を定める。

すなわち

$$\bigcap_{n=1}^{\infty} [a_n, b_n] = \{c\}$$

である。ただし、記号 $\cap$ はすべての閉区間の共通部分を表します。

この公理は有界集合の上限の存在と同値なのですが、その証明は本書では割愛します。興味のある方は拙著『「無限と連続」の数学』（東京図書）をご覧ください。

この公理は、実数の集合の中では、閉区間の縮小列とい

うタマネギを剝いていったら必ず芯があるということを意味しています。この性質が有理数の集合での閉区間の縮小列や、実数の集合でも開区間の縮小列では成り立たないことに注意しましょう。

数学の証明では成り立たない例（反例）をあげることも大切なので、ここでも、例をあげておきます。

例 1　有理数の数直線における閉区間の縮小列

$$[1, 2] \supset [1.4, 1.5] \supset [1.41, 1.42] \supset [1.414, 1.415] \supset \cdots$$

を考えます。ただし、この閉区間 $[a_n, b_n]$ の両端はそれぞれ、$\sqrt{2}$ を小数展開したときの小数点以下 n 桁を切り捨てたものと切り上げたものです。

この（有理数だけを考えた）閉区間の縮小列の共通部分について、

$$\bigcap_{n=1}^{\infty} [a_n, b_n] = \emptyset$$

となります（$\emptyset$ は空集合を表します）。この縮小列は $\sqrt{2}$ に向かって収束していくのですが、もちろん $\sqrt{2}$ は有理数ではないので、有理数の中だけで考えている場合は、このタマネギには芯がないのです。

例 2　実数における開区間の縮小列

$$(0, 1) \supset (0, 1/2) \supset \cdots \supset (0, 1/n) \supset \cdots$$

の共通部分について

$$\bigcap_{n=1}^{\infty}(0, 1/n) = \emptyset$$

です。開区間では端の点が入っていないことに注意してください。

このように実数の中で考えても、開区間の縮小列というタマネギでは、剝いていくと空っぽになってしまうことがあります。しかし、閉区間の場合はそうならない、というのが実数の連続性の公理です。

区間縮小法による中間値の定理の証明

この公理を使うと、中間値の定理の別の証明ができます。

中間値の定理の証明(その2) 連続関数 $y=f(x)$ について、$f(a)<0, f(b)>0$ とする。a, b の中点を $(a+b)/2=k$ とする。

いま、$f(k)=0$ ならこの k が求めるものだから、$f(k)\neq 0$ とする。

$f(k)>0$ なら $a_1=a,\ b_1=k$、$f(k)<0$ なら $a_1=k,\ b_1=b$ として区間 $[a_1, b_1]$ を定める。

区間 $[a_1, b_1]$ に対して同じ操作を行う。すなわち、a_1, b_1 の中点をあらためて、$(a_1+b_1)/2=k$ として、$f(k)$ の正負によって、$f(k)>0$ なら $a_2=a_1, b_2=k$、$f(k)<0$ なら $a_2=k, b_2=b_1$ として区間 $[a_2, b_2]$ を定める（$f(k)=0$ ならこの k が求める c である）。

以下、この操作を続けていく。

すなわち、閉区間の両端 a_n, b_n で関数の符号が $f(a_n)<0, f(b_n)>0$ となるように区間 $[a_n, b_n]$ を定めていく。

こうして、閉区間の縮小列

$$\{[a_n, b_n]\}$$

が得られる。

区間縮小法の原理により、

$$\bigcap_{n=1}^{\infty} [a_n, b_n] = \{c\}$$

となる c が定まる。

$f(c)=0$ となることを示す。証明は背理法による。

$f(c)=\varepsilon>0$ とする。連続関数の性質により、$\delta>0$ を、

$$c-\delta < x < c+\delta \quad \text{なら、}$$
$$f(c)-\varepsilon < f(x) < f(c)+\varepsilon$$

となるようにとれる。$f(c)-\varepsilon=0$ だから、この範囲の x で、$0<f(x)$ である。ところが、n を十分大きくとれば

$$[a_n, b_n] \subset (c-\delta, c+\delta)$$

となり、これは $f(a_n)<0$ に矛盾する。$f(c)<0$ としても同様に矛盾する。

よって、$f(c)=0$ である。（証明終）

この証明は、実数係数の奇数次の方程式が少なくとも1つ解を持つことの証明に直接使うこともできます。このように、実数係数の奇数次の方程式の場合は中間値の定理の応用として、比較的容易に実数解の存在を示すことができ

ます。ここでは複素数の解ではなく、実数の解が求まっていることにも注意を向けておきましょう。

では偶数次の方程式の場合はどうでしょうか。

偶数次の方程式 $x^n+a_{n-1}x^{n-1}+\cdots+a_1x+a_0=0$ でも、それを連続関数 $f(x)=x^n+a_{n-1}x^{n-1}+\cdots+a_1x+a_0$ と見たとき、負の値と正の値をとる場所があれば、奇数次の場合と同じように中間値の定理を使って、$f(c)=0$ となる c があることが分かります。しかし残念ながら、偶数次の関数 $f(x)=x^n+a_{n-1}x^{n-1}+\cdots+a_1x+a_0$ では、任意の x について符号が一定となることがあるのは、高校生が2次関数の性質を学ぶときに見るとおりです。ですから直接に中間値の定理を当てはめることはできません。

基本定理の証明

代数学の基本定理の証明はいくつもあります。多くの人が学ぶ証明は、複素関数論のリウヴィルの定理「複素平面上で有界な関数は定数である」を使うものでしょう。この定理を使うと、基本定理が次のように証明できます。

もし $f(x)=0$ となる x が存在しなければ、すべての複素数 x について $1/f(x)$ が定義できます。ところが、$|x|\to\infty$ のとき $|f(x)|\to\infty$ なので、$1/f(x)$ は複素平面上で有界な関数となり、したがって定数となります（リウヴィルの定理）。すなわち、$f(x)$ も定数関数となって矛盾します。

この証明は実にエレガントでスマートですが、リウヴィルの定理の証明は、その準備のためにさらにいくつかの定理（コーシーの積分公式やコーシーの評価式）を必要とするので、ここでは残念ながら紹介できません。関心がある方は、B. ファイン、G. ローゼンバーガー『代数学の基本定理』(新妻弘・木村哲三訳、共立出版)をご覧ください。この本は代数学の基本定理をいろいろな角度から説明したもので、ガウスのオリジナルの証明の紹介や、さらに、トポロジーを用いた証明の解説もあります。

ここではこの本の証明を参考にして、他の証明より初等的と思われる証明のアウトラインを紹介します。

補助定理1 ある円板上で定義された実数値の連続複素関数は、その円板上で最大値と最小値を持つ。

これは、閉区間上で定義された連続関数は最大値と最小値を持つ、というワイエルシュトラスの定理の2次元版です。コンパクト集合上で定義された実数値連続関数は最大値と最小値を持つ、というさらに一般化された定理の特殊な場合です。

コンパクトという概念は初めて学ぶ人にとって、理解が難しいものの1つです。詳しい説明は本書では省略します。この性質の一番大きな特徴は、コンパクト集合の連続写像による像はコンパクトになるということです。そして、実数の集合では、コンパクトな集合は本質的に閉区間しかない、ということがその要点です。閉区間に最大値と最小値があることは明らかですから、関数が最大値と最小値を持つことになるのです。

コンパクト集合の定義と一般化された場合の最大値、最小値の存在定理を含めて、この定理の証明は拙著『「無限と連続」の数学』(東京図書)、『なっとくする集合・位相』(講談社)をご覧ください。

補助定理 2 $f(x)=x^n+a_{n-1}x^{n-1}+\cdots+a_1x+a_0$ について、関数 $y=|f(x)|$ ($|f(x)|$ は複素数の絶対値) はある円板上で最小値をとる。

補助定理 3 $y=|f(x)|$ の最小値は0である。

補助定理2、3より、方程式 $x^n+a_{n-1}x^{n-1}+\cdots+a_1x+a_0=0$ は解を持つ。

これが証明のアウトラインです。もう少し解説します。

補助定理2について。

代数学の基本定理を奇数次の方程式について証明したところ(前節の「連続性に基づく基本定理」の項)で紹介したように、関数 $f(x)$ を、

$$|f(x)|=|x|^n\left(\left|1+\frac{a_{n-1}}{x}+\frac{a_{n-2}}{x^2}+\cdots+\frac{a_1}{x^{n-1}}+\frac{a_0}{x^n}\right|\right)$$

と変形します。

この式から、x の絶対値をどんどん大きくすると、右辺の値はいくらでも大きくなることが分かります。したがって、$|f(x)|$ の値は、半径が十分大きな円の外側のすべての x で、一定の値より大きくなります。つまり、$y=|f(x)|$ は、最小値を持つとすれば、原点を中心とするある円板の中で最小値をとるはずです。ところが、紹介した最大値、最小値の存在定理(補助定理1)より、円板上で定義された連続関数は必ず最小値、最大値をとるので、$y=|f(x)|$ は

この円板の中で実際に最小値をとることが分かります。

補助定理3について。

証明は再び背理法によります。技法としては、$f(a)\neq 0$ なら $|f(a)|$ が最小値にはなり得ないことを示します。

最小値 $|f(a)|$ の値が0でないと仮定します。適当に平行移動し、逆数をかけるなどすれば、$a=0$ で、その値は $|f(0)|=1$ であると仮定して大丈夫です。

そこで、$|f(0)|=1$ が $|f(x)|$ の最小値を与えると仮定します。

0の近くで、正の実数の範囲で x を動かします。ちょうど、連続関数が0でない正の値 α をとるなら、その近くでは関数の値は正となることを証明したのと同様に、0の近くで、$y=f(x)$ という関数の様子を調べます。すると、$|f(x)|$ の関数値が1よりもっと小さくなる x があることが証明され、$|f(0)|=1$ が最小値であることに矛盾します。

したがって、$|f(x)|$ の最小値は0です。$|f(x)|=0$ となるのは $f(x)=0$ となるときですから、方程式 $f(x)=0$ は解を持ちます。

以上が代数学の基本定理の証明のアウトラインです。

これとは別に、実数係数の奇数次の代数方程式が少なくとも1つ実数の解を持つことを使った、代数的な証明もあるのですが、分解体など少し進んだ代数学の知識を必要とするので、上に紹介した証明が初等的であると思います。ただ、奇数次の代数方程式が少なくとも1つ実数の解を持つことの証明も、中間値の定理を使います。中間値の定理の証明は純代数的ではないので、やはり実数の連続性という解析学の知識を必要としていることは大切なことです。

残念ながら、本書では厳密な証明を割愛するので、興味がある方は、前に紹介したB. ファイン、G. ローゼンバーガー『代数学の基本定理』（共立出版）や高木貞治『代数学講義』（共立出版）などを参照してください。

進化する証明

もう一度、ここでの代数学の基本定理の証明が、代数学といいながら関数の連続性という解析学（あるいは位相数学）の手法を使っていることに注意しましょう。もちろん、数学の証明を１つの分野に限ってしまい、その手法を制限することには意味がありません。代数学の定理だからといって、解析学や位相数学の方法を使ってはいけないという理由はありません。

ただ、数学の証明も時代とともに変化し進化していきます。最初は、とても複雑で難解な手法を使っていた証明が、時代とともにより簡明な証明に進化していくことはよくあることです。あるいは、証明のために難しい数学を使っていたが、あとでより初等的な証明が発見された定理もあります。

たとえば、

> **素数定理** x 以下の素数の個数は $\dfrac{x}{\log x}$ に漸近的に等しい。

は有名な定理です。最初は、19世紀の終わりにアダマールとド・ラ・ヴァレ・プサンによって証明されましたが、その証明は複素関数論を駆使したものでした。後に20世紀半ば、セルバークとエルデシュによって、初等的な証明（複素関数論を使わない証明）が発見され、セルバークはこの業績によってフィールズ賞を受賞しました。

一言断っておくと、初等的な証明というのは「やさしい」証明ということではありません。数学の定理の中には、より進んだ数学を用いると簡明に証明できたり、意味がはっきりするものもたくさんあります。例えば、2次方程式の平方完成による解法は、中学生が学ぶ代数的な式変形ですが、これを極値での2次関数のテイラー展開と考えると、その意味が見えてきます。また、最大最小の存在定理なども、位相数学の枠組みの中で、コンパクトという性質を考えることにより、その本質的な部分が見えてきます。しかし、そのような方法を使わないでどこまで証明できるかという挑戦も、数学の面白い部分でもあります。

もっと簡単な例で言えば、2次関数の極値問題なども、関数のテイラー展開という枠組みで捉えると、その本質がよく分かります。一方で、それを平方完成という初等的な技術の中で考えることにも意味があるのです。

さて、ここまで、数学における証明とはなにか、証明の技術、その論理的な側面について考察し、いくつかの分野について、典型的な証明をとり上げて鑑賞してきました。最後にもう一度、証明とはなんなのかについて考えてみましょう。

終わりに
——数学にとって証明とはなにか

再び、証明とは

いままで7章にわたって、証明とはなにか、その基本的な技術、そしていくつかの鑑賞すべき見事な面白い証明について解説してきました。最後にもう一度、証明とはいったいなんなのかを考えてみたいと思います。

有無を言わさずに正しい

証明とは、ある数学的な事実が「正しい」ことを確認する手続きです。なんとなく正しいようだとか、私は正しいと信じます、とかではなく、論理的に正しいということをすべての人が共有するための手続きです。

すべての人が共有するということはとても大切で、自分一人が納得するだけなら、証明という手段は必要ありません。ある事柄が正しいということを信じるか信じないかは、優れて個人的な出来事です。信じるという心のありように対して、証明という方法が入り込む余地は、原則としてないのです。

したがって、逆にいえば、証明できた事柄はなんの条件もつけることなく万人にとっての真理として通用することになる。ここに数学の証明の持つ大きな威力があります。すべての人に、有無を言わさずに正しいということを「強要」してしまう数学の証明は、数学という学問の大きな魅力の１つですが、数学が嫌われてしまう理由の１つでもあります。

ある事柄が正しい事実のとき、確かに正しいのかもしれないが、そういうのは好きではない、という感覚は大勢の人が感じることではないでしょうか。好きか嫌いかという問題設定と、正しいか間違っているかという問題設定は互いに両立しうるでしょうし、それが人の自然なあり方なのかもしれません。さらには、人がなにかを正しいと思うとき、正しいとはどういうことかについての考え方は、一通りではないのだと思われます。数学の証明が人に嫌われるとしたら、ここに問題の根元がありそうです。

「正しさ」とは

証明という概念は古代ギリシア時代にその源を持ち、古代数学においてユークリッドの『原論』で頂点に達しました。『原論』は、万人が共通に正しいと考えるいくつかの事柄（これを公理と呼びました）から出発し、演繹論理によって正しいことが立証できた事柄だけを積み重ねて、数学という壮大な建物を建築しました。万人共通の真理から出発し、理性のみでその正しさが確認できるということが、『原論』における「正しさ」でした。

こうして、演繹論理の結果として導かれた事柄を定理と呼んだのです。公理の正しさを認めてしまえば、定理の正しさは絶対的に保証されている。公理の正しさを認めた人は、定理の正しさに異議を申し立てることはできない。

これを確認するために、公理から定理を導く方法として証明という概念が考え出されました。証明とは「正しさ」の保証手段でした。したがって、ここでは「証明は分かるのだけれども、どうして正しいのか、その理由が分からない」ということは、本来的にはあり得ないのです。

ギリシア数学において証明という手段が発達したのは、ギリシアにおける哲学のあり方、相手を説得する弁論術のあり方が背後にあったといわれています。相手との議論の中で、お互いが納得するためには証明という方法が有効だったのです。

もう1つ、ユークリッドの『原論』における証明が、正しい事実の発見という文脈の中ではなく、正しい事実の確認という文脈の中にあることを押さえておきましょう。これは少し不思議なことなのですが、「証明できたから正しい」というのは確かに正しい。しかし実際は、証明するという行為は、「正しいから証明できた」という正しさの確認のための側面が強いのです。

しかしながら、このような絶対的な正しさとは別に、人はある事柄の正しさを、証明とは違う方法で納得していることがあるようです。それは「信じる」という言葉で表されることもあります。

たとえば、ごく単純なことでいえば、人は人を殺してはいけない、これは正しい事実です。少なくとも私は、これが正しい事実だと思います。しかし、その正しい事実を自分はどうやって納得しているのか。振り返って考えてみれば、これは論理でその正しさが確認できた事実ではない。

残念ながら、私には人を殺してはいけない論理的な理由が見つからない。にもかかわらず、人を殺すことは絶対に間違っている、というのが私の考えです。それは論理で証明できた正しさとは違う、倫理的な正しさなのだと思われます。

数学の証明は数学的な事実が正しいことの保証を与えます。しかし、その正しさは倫理的な領域には踏み込まない、あるいは踏み込めないのです。これを数学の限界と見るか、それとも数学の自己をわきまえた潔さと見るかは人によって違うでしょう。私はここに数学の自己規制の潔さを見たいと思います。

さらに、現代的な立場からいえば、公理は万人に共通する絶対的な真理という位置を失い、数学理論の出発点となる約束事ということになりました。公理を認めるか認めないかは、人によって異なってよい。ただ、数学という学問全体でいえば、大多数の数学者が認める公理というものがあります。その中で、現代数学における証明は、約束の範囲内での正しさの確認手続きという意味を持つようになりました。

証明とは意味を考えること

数学的な結果さえ正しければ、途中経過をいちいち検証する必要はない、算数の問題を解いている子どもたちに、いちいち考え方を説明させようとするから数学嫌いが増えるのだ、という主張もあるようです。実際に、数式の意味を問うことは無意味だ、数式には意味などない、数式は形式だからこそ綺麗で自由なのだ、という説を唱える人もいます。

確かに、算数・数学を学び始めている子どもたちに、彼らの考えていることを正確に表現させようというのは難しいことです。早い話、分数のわり算の計算の仕方を覚えている人はたくさんいても、なぜひっくり返してかければいいのかをきちんと説明できる人は少ないでしょうし、マイナス × マイナスがプラスになることの説明も難しいかもしれません。説明を求められたときの難しさが数学嫌いを生み出している、ということはありそうです。

しかし、人は無意味なことを楽しむことはできないのだと思います。たとえばパズルを解くことは、周りの人から見るとまったくの時間つぶし、無意味な行為と見えるかもしれない。しかし、解いている本人は決してそうは思っていないはずです。数学記号の無意味な美しさという考えは、一度意味とイメージの世界を通過して初めて獲得できるものです。最初から無意味なことなら、人は面白がらないのではないでしょうか。

分かるとは端的にいって、自分のやっていることの意味が理解できるということにほかなりません。意味の土台があるからこそ、形式的な記号の美しさに触れることができるのです。その意味で、数学を学んでいる子どもたちに、その学びの過程にふさわしい式の意味を伝えていくことは、数学教育にとってとても大切なことだと思います。それは決して難解な意味の理解を強要することではありません。学んでいる数学にふさわしい意味を考えていくことこそ、数学理解の要だと思います。

このことをふまえて、証明についてもう少し考えてみましょう。

数学が形式的な言語として、意味やイメージ抜きで扱えるということに異論はありません。20世紀最大の数学者の1人であるヒルベルトも、そのような意味のことを言ったことがあります。ヒルベルトは「点、直線、それに平面というかわりに、いつでもテーブル、椅子それにビール・ジョッキというように言い換えることができなくてはならないのだね」(C. リード『ヒルベルト』弥永健一訳、岩波書店）と語ったと伝えられています。そこには、点や直線という数学用語は実体としての意味を持たない、重要なのは点と直線と名付けられたものたちの相互関係だけなのだ、という考え方があります。つまり点や直線ではなくても、テーブルと椅子、ビール・ジョッキでも、それらの相互関係さえ公理で規定できていれば、テーブル、椅子、ビール・ジョッキを使って幾何学を構成することができる。それこそが幾何学のあり方なのだ、ということです。

このような数学の見方が、数学に透明な美しさを与えたことは確かです。意味抜きの形式はそれだけで完結していて、不思議な美しさを持っています。多くの数学愛好家がこのような数学の性格に惹かれたと思いますし、私自身も最初に数学に接したとき、数学のその姿に心躍らせたものでした。かけ算に意味などない、かけ算とは2つの数にもう1つの数を対応させる規則であって、その規則が交換法則や結合法則を満たすのだ、という数学の理解の仕方は立派な1つの考え方です。

しかし、証明という数学の方法を考えたとき、数学を完全に形式的な体系として捉えるのには限界があるように思われます。

証明とは数学的な事実（定理）の正しさを理解し、それを多くの人と共有するための方法だと述べました。そのとき、証明ができたから正しいという側面と、正しいから証明ができたという側面があることも述べました。正しいから証明できた（証明できるだろう）というのは、数学研究の最前線にいる数学者たちが経験することかもしれません。そのとき、その数学者がなぜ正しいと感じているのかといえば、それはその定理の意味を理解しているからではないでしょうか。

人が証明を通して数学的事実の正しさを納得するという心理は、最終的には定理の意味するところを理解し、その意味が正しかったことを証明という手段で納得し、最後に定理のイメージを自分の知識体系の中のしかるべき位置にぴったりと収める行為です。収まりが悪い知識は「証明ができているのだから正しいのだと思うけれど、分かった気がしない」という感覚を作り出してしまいます。

正しいようだが、分かった気がしない

有名な数学の問題の例をお話しします。

しばらく前、世紀の難問だった4色問題が解決しました。4色問題とは、平面上のどんな地図でも4色で塗り分ける（隣り合う国を異なる色で塗る）ことができるか、という問題で19世紀の半ばに提起されました。ちょっと調べてみると分かりますが、平面上のどんな地図でも4色で塗り分けられるようです。

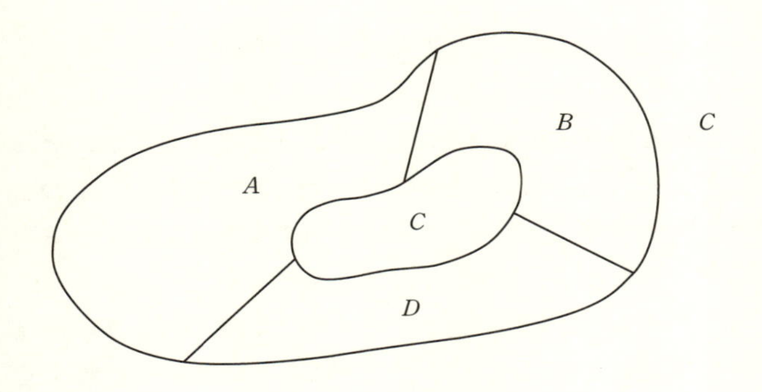

図　地図を4色で塗り分ける

しかし、その事実を数学として証明しようとしたところ、これがとても難しいということが分かったのです。何人もの有名な数学者が証明に挑戦し失敗しましたが、1976年になり、アッペルとハーケンという2人の数学者が証明に成功しました。ところが、その証明がコンピュータを駆使したものだったので、発表された当時、大きな話題になりました。コンピュータはどのような地図にも必ず含まれる2000通り近くの図をはじき出し、そのどの場合についても4色で塗り分けることが可能だという結論を出したのです。

場合分けの証明は人間が行う証明でもよく使われます。ですから、証明として欠陥があるわけではありません。しかし、2000通り近くの場合分けを行い、そのどの場合でも実際に塗り分けられることを示す、というコンピュータの証明が、すべての数学者の承認を得たわけではないようです。

「この証明で、平面上のどんな地図でも4色で塗り分けられることは分かったが、どうして4色で塗り分けられるのかの理由が説明されていない」
というのが代表的な意見のようです。確かに、コンピュータによる証明は事実の確認による実証であって、論理による証明ではないという見方もできそうです。これが「正しいが分かった気がしない」という気持ちだと思います。

事実で示されたことは否応なしに正しいと納得するほかはない。しかし、なぜそうなるのか、その理由を知りたい。これが数学のみならず自然科学全体を貫いてきた人の心のあり方の1つです。そして数学の場合、それがもっとも端的に現れます。証明という行為は、そのような人の心のあり方を満足させる方法の1つだったのです。人は証明という手段を通して、「なるほど、そうだったのか」という満足感を得たいのだと思います。

この世界をよく知るために

数学という形式は、この世界を記述する言語の1つです。そして、数学が言うところの「この世界」とは、現実の宇宙を含むさらに広い人の想像力の世界です。数学は想像力の世界を数学記号という言語と論理を駆使して調べていく学問です。

ところで、言語には文法と意味があります。文法を知らないと、数学という言語を使ってこの世界を記述することができません。子どもたちが学ぶ数学はこの文法の最初の一歩です。数字という記号から始まって、記数法、たし算、かけ算の記号の使い方、文字の使用、……と数学の文法は広がっていきます。しかし、文法だけでは本を読むことができません。本を読むためには記号（単語）の意味を知り、単語同士のつながりである熟語の意味を知り、その単語や熟語がどのような文脈の中でどういう意味で使われているのかを知る必要があります。たし算とはなにか、かけ算とはなにか、から始まり、方程式、関数など、記号の意味は広がっていきます。

私たちは日頃使う言葉の意味を改めて考えることは少ない。それらは空気のように私たちを取り巻いていて、それと意識せずに言葉を使いこなしています。しかし、なにかの場合、その言葉の意味に立ち返る必要があることもあります。数学記号という言語も同じです。数学の場合、ごく普通の人は日常生活で数学用語、数学記号を駆使することは少ないでしょう。ということは、不断に心がけないと、記号の意味を見失ってしまうのです。

数学記号はこの世界をよく知るために人が考え出した言葉の１つです。これほどうまく作られた人工言語はない、と言ってもいいかもしれません。言葉には意味があります。その意味を追いかけることが証明の本質的な部分だと私は考えます。読者の皆さんが数学の証明を、あたかもSFかミステリを読むように楽しんでくださることを心から願っております。

本書で取り上げた本

[1] ブルバキ『数学原論 集合論』前原昭二ほか訳、東京図書

[2] R. P. ファインマン『物理法則はいかにして発見されたか』江沢洋訳、岩波現代文庫

[3] カーター・ディクスン『第三の銃弾』田口俊樹訳、ハヤカワ・ミステリ文庫

[4] 『岩波国語辞典第4版』岩波書店

[5] 『新版中学校数学2』大日本図書

[6] 『岩波数学入門辞典』岩波書店

[7] ユークリッド『ユークリッド原論』中村幸四郎ほか訳、共立出版

[8] 『新版 たのしい算数6年上』大日本図書

[9] 小平邦彦編『数学の学び方』岩波書店

[10] 瀬山士郎『数をつくる旅5日間』遊星社

[11] 横溝正史『蝶々殺人事件（新版 全集5)』講談社

[12] デカルト『方法序説』落合太郎訳、岩波文庫

[13] ガリレオ・ガリレイ『新科学対話』今野武雄・日田節次訳、岩波文庫

[14] 『たのしい算数6年上』大日本図書

[15] 小平邦彦『幾何のおもしろさ』岩波書店

[16] 寺阪英孝『初等幾何学』岩波書店

[17] 江戸川乱歩『兇器（全集11)』講談社

[18] クレイトン・ロースン『帽子から飛び出した死』中村能三訳、ハヤカワ・ミステリ文庫

[19] 瀬山士郎『幾何物語』ちくま学芸文庫

[20] 瀬山士郎『面積のひみつ』さ・え・ら書房

[21] 上垣渉『はじめて読む数学の歴史』ベレ出版

[22] 『数学Ⅲ』三省堂

[23] デーデキント『数について』河野伊三郎訳、岩波文庫

[24] 瀬山士郎『「無限と連続」の数学』東京図書

[25] 瀬山士郎『トポロジー：柔らかい幾何学』日本評論社

[26] ハル・ヘルマン『数学10大論争』三宅克哉訳、紀伊國屋書店

[27] 瀬山士郎『はじめての現代数学』ハヤカワ文庫NF

[28] ピーター・ペジック『アーベルの証明』山下純一訳、日本評論社

[29] イアン・スチュアート『明解ガロア理論 原著第3版』並木雅俊・鈴木

治郎訳、講談社
[30] 草場公邦『ガロワと方程式』朝倉書店
[31] 金重明『13歳の娘に語るガロアの数学』岩波書店
[32] 金重明『戊辰算学戦記』朝日新聞社
[33] B. ファイン、G. ローゼンバーガー『代数学の基本定理』新妻弘・木村哲三訳、共立出版
[34] 瀬山士郎『なっとくする集合・位相』講談社
[35] 高木貞治『代数学講義』共立出版
[36] C. リード『ヒルベルト』弥永健一訳、岩波書店

索引

【数字・アルファベット】

【あ】

【か】

【ま】

【や】

【ら】

【わ】

N.D.C.410　249p　18cm

ブルーバックス　B-2107

数学にとって証明とはなにか
ピタゴラスの定理からイプシロン・デルタ論法まで

2019年8月20日　第1刷発行
2020年2月7日　第3刷発行

著者　瀬山士郎
発行者　渡瀬昌彦
発行所　株式会社講談社
〒112-8001 東京都文京区音羽2-12-21
電話　出版　03-5395-3524
販売　03-5395-4415
業務　03-5395-3615
印刷所　（本文印刷）株式会社精興社
（カバー表紙印刷）信毎書籍印刷株式会社
製本所　株式会社国宝社

定価はカバーに表示してあります。

ISBN978-4-06-516852-3

発刊のことば

科学をあなたのポケットに

二十世紀最大の特色は、それが科学時代であるということです。科学は日に日に進歩を続け、止まるところを知りません。ひと昔前の夢物語もどんどん現実化しており、今やわれわれの生活のすべてが、科学によってゆり動かされているといっても過言ではないでしょう。

そのような背景を考えれば、学者や学生はもちろん、産業人も、セールスマンも、ジャーナリストも、家庭の主婦も、みんなが科学を知らなければ、時代の流れに逆らうことになるでしょう。

ブルーバックス発刊の意義と必然性はそこにあります。このシリーズは、読む人に科学的に物を考える習慣と、科学的に物を見る目を養っていただくことを最大の目標にしています。そのためには、単に原理や法則の解説に終始するのではなくて、政治や経済など、社会科学や人文科学にも関連させて、広い視野から問題を追究していきます。科学はむずかしいという先入観を改める表現と構成、それも類書にないブルーバックスの特色であると信じます。

一九六三年九月

野間省一

ブルーバックス　数学関係書（II）

1657 高校数学でわかるフーリエ変換　竹内　淳
1661 史上最強の実践数学公式123　佐藤恒雄
1677 新体系　高校数学の教科書（上）　芳沢光雄
1678 新体系　高校数学の教科書（下）　芳沢光雄
1684 ガロアの群論　中村　亨
1704 高校数学でわかる線形代数　竹内　淳
1724 ウソを見破る統計学　神永正博
1738 物理数学の直観的方法（普及版）　長沼伸一郎
1740 マンガで読む　計算力を強くする　がそんみほ＝マンガ　銀杏社＝構成
1743 大学入試問題で語る数論の世界　清水健一
1757 高校数学でわかる統計学　竹内　淳
1764 新体系　中学数学の教科書（上）　芳沢光雄
1765 新体系　中学数学の教科書（下）　芳沢光雄
1770 連分数のふしぎ　木村俊一
1782 はじめてのゲーム理論　川越敏司
1784 確率・統計でわかる「金融リスク」のからくり　吉本佳生
1786 「超」入門　微分積分　神永正博
1788 複素数とはなにか　示野信一
1795 シャノンの情報理論入門　高岡詠子
1808 算数オリンピックに挑戦　'08～'12年度版　算数オリンピック委員会＝編
1810 不完全性定理とはなにか　竹内　薫

1818 オイラーの公式がわかる　原岡喜重
1819 世界は2乗でできている　小島寛之
1822 マンガ　線形代数入門　鍵本　聡＝原作　北垣絵美＝漫画
1823 三角形の七不思議　細矢治夫
1828 リーマン予想とはなにか　中村　亨
1833 超絶難問論理パズル　小野田博一
1838 読解力を強くする算数練習帳　佐藤恒雄
1841 難関入試　算数速攻術　中川　塁　松島りつこ＝画
1851 チューリングの計算理論入門　高岡詠子
1870 知性を鍛える　大学の教養数学　佐藤恒雄
1880 非ユークリッド幾何の世界　新装版　寺阪英孝
1888 直感を裏切る数学　神永正博
1890 ようこそ「多変量解析」クラブへ　小野田博一
1893 逆問題の考え方　上村　豊
1897 算法勝負！「江戸の数学」に挑戦　山根誠司
1906 ロジックの世界　ダン・クライアン／シャロン・シュアティル　ビル・メイブリン＝絵　田中一之＝訳
1907 素数が奏でる物語　西来路文朗／清水健一
1911 超越数とはなにか　西岡久美子
1913 やじうま入試数学　金　重明
1917 群論入門　芳沢光雄

ブルーバックス　数学関係書（III）

- 1921 数学ロングトレイル「大学への数学」に挑戦　山下光雄
- 1927 確率を攻略する　小島寛之
- 1933 「P≠NP」問題　野﨑昭弘
- 1941 数学ロングトレイル「大学への数学」に挑戦　ベクトル編　山下光雄
- 1942 数学ロングトレイル「大学への数学」に挑戦　関数編　山下光雄
- 1946 数学ミステリー　X教授を殺したのはだれだ!　トドリス・アンドリオプロス＝原作　タナシス・グキオカス＝漫画　竹内　薫／竹内さなみ＝訳
- 1949 マンガ「代数学」超入門　ラリー・ゴニック　鍵本　聡＝監訳　藪田真弓／藤原誉枝子＝訳
- 1961 曲線の秘密　松下泰雄
- 1967 世の中の真実がわかる「確率」入門　小林道正
- 1968 脳・心・人工知能　甘利俊一
- 1969 四色問題　一松　信
- 1973 マンガ「解析学」超入門　ラリー・ゴニック＝著・絵　鍵本　聡／坪井美佐＝訳
- 1984 経済数学の直観的方法　マクロ経済学編　長沼伸一郎
- 1985 経済数学の直観的方法　確率・統計編　長沼伸一郎
- 1998 結果から原因を推理する「超」入門ベイズ統計　石村貞夫
- 2003 素数はめぐる　西来路文朗　清水健一
- 2023 曲がった空間の幾何学　宮岡礼子
- 2033 ひらめきを生む「算数」思考術　安藤久雄
- 2036 美しすぎる「数」の世界　清水健一
- 2043 理系のための微分・積分復習帳　竹内　淳
- 2046 方程式のガロア群　金重　明
- 2059 離散数学「ものを分ける理論」　徳田雄洋
- 2065 学問の発見　広中平祐
- 2069 今日から使える微分方程式　普及版　飽本一裕
- 2079 はじめての解析学　原岡喜重
- 2081 今日から使える物理数学　普及版　岸野正剛
- 2085 今日から使える統計解析　普及版　大村　平
- 2092 いやでも数学が面白くなる　志村史夫
- 2093 今日から使えるフーリエ変換　普及版　三谷政昭
- 2098 高校数学でわかる複素関数　竹内　淳

ブルーバックス12cmCD-ROM付

- BC06 JMP活用　統計学とっておき勉強法　新村秀一

ブルーバックス　事典・辞典・図鑑関係書